智 能 制 造

王喜文　著 ●·····

U0175861

科学技术文献出版社

SCIENTIFIC AND TECHNICAL DOCUMENTATION PRESS

·北京·

图书在版编目（CIP）数据

智能制造 / 王喜文著. —北京：科学技术文献出版社，2020.9
（新一代人工智能2030全景科普丛书 / 赵志耘总主编）
ISBN 978-7-5189-5688-3

Ⅰ.①智… Ⅱ.①王… Ⅲ.①智能制造系统—研究 Ⅳ.① TH166

中国版本图书馆 CIP 数据核字（2019）第 127846 号

智能制造

策划编辑：郝迎聪　　责任编辑：王　培　　责任校对：文　浩　　责任出版：张志平

出　版　者　科学技术文献出版社
地　　　址　北京市复兴路15号　邮编　100038
编　务　部　（010）58882938，58882087（传真）
发　行　部　（010）58882868，58882870（传真）
邮　购　部　（010）58882873
官 方 网 址　www.stdp.com.cn
发　行　者　科学技术文献出版社发行　全国各地新华书店经销
印　刷　者　北京时尚印佳彩色印刷有限公司
版　　　次　2020 年 9 月第 1 版　2020 年 9 月第 1 次印刷
开　　　本　710×1000　1/16
字　　　数　111千
印　　　张　7.75
书　　　号　ISBN 978-7-5189-5688-3
定　　　价　32.00元

总　序

　　人工智能是指利用计算机模拟、延伸和扩展人的智能的理论、方法、技术及应用系统。人工智能虽然是计算机科学的一个分支，但它的研究跨越计算机学、脑科学、神经生理学、认知科学、行为科学和数学，以及信息论、控制论和系统论等许多学科领域，具有高度交叉性。此外，人工智能又是一种基础性的技术，具有广泛渗透性。当前，以计算机视觉、机器学习、知识图谱、自然语言处理等为代表的人工智能技术已逐步应用到制造、金融、医疗、交通、安全、智慧城市等领域。未来随着技术不断迭代更新，人工智能应用场景将更为广泛，渗透到经济社会发展的方方面面。

　　人工智能的发展并非一帆风顺。自 1956 年在达特茅斯夏季人工智能研究会议上人工智能概念被首次提出以来，人工智能经历了 20 世纪 50—60 年代和 80 年代两次浪潮期，也经历过 70 年代和 90 年代两次沉寂期。近年来，随着数据爆发式的增长、计算能力的大幅提升及深度学习算法的发展和成熟，当前已经迎来了人工智能概念出现以来的第三个浪潮期。

　　人工智能是新一轮科技革命和产业变革的核心驱动力，将进一步释放历次科技革命和产业变革积蓄的巨大能量，并创造新的强大引擎，重构生产、分配、交换、消费等经济活动各环节，形成从宏观到微观

各领域的智能化新需求，催生新技术、新产品、新产业、新业态、新
模式。2018 年麦肯锡发布的研究报告显示，到 2030 年，人工智能新增
经济规模将达 13 万亿美元，其对全球经济增长的贡献可与其他变革性
技术如蒸汽机相媲美。近年来，世界主要发达国家已经把发展人工智
能作为提升其国家竞争力、维护国家安全的重要战略，并进行针对性
布局，力图在新一轮国际科技竞争中掌握主导权。

　　德国 2012 年发布十项未来高科技战略计划，以"智能工厂"为重
心的工业 4.0 是其中的重要计划之一，包括人工智能、工业机器人、
物联网、云计算、大数据、3D 打印等在内的技术得到大力支持。英国
2013 年将"机器人技术及自治化系统"列入了"八项伟大的科技"计划，
宣布要力争成为第四次工业革命的全球领导者。美国 2016 年 10 月发
布《为人工智能的未来做好准备》《国家人工智能研究与发展战略规划》
两份报告，将人工智能上升到国家战略高度，为国家资助的人工智能
研究和发展划定策略，确定了美国在人工智能领域的七项长期战略。
日本 2017 年制定了人工智能产业化路线图，计划分 3 个阶段推进利用
人工智能技术，大幅提高制造业、物流、医疗和护理行业效率。法国
2018 年 3 月公布人工智能发展战略，拟从人才培养、数据开放、资金
扶持及伦理建设等方面入手，将法国打造成在人工智能研发方面的世
界一流强国。欧盟委员会 2018 年 4 月发布《欧盟人工智能》报告，制
订了欧盟人工智能行动计划，提出增强技术与产业能力，为迎接社会
经济变革做好准备，确立合适的伦理和法律框架三大目标。

　　党的十八大以来，习近平总书记把创新摆在国家发展全局的核心
位置，高度重视人工智能发展，多次谈及人工智能重要性，为人工智
能如何赋能新时代指明方向。2016 年 8 月，国务院印发《"十三五"
国家科技创新规划》，明确人工智能作为发展新一代信息技术的主要
方向。2017 年 7 月，国务院发布《新一代人工智能发展规划》，从基
础研究、技术研发、应用推广、产业发展、基础设施体系建设等方面

提出了六大重点任务，目标是到 2030 年使中国成为世界主要人工智能创新中心。截至 2018 年年底，全国超过 20 个省市发布了 30 余项人工智能的专项指导意见和扶持政策。

当前，我国人工智能正迎来史上最好的发展时期，技术创新日益活跃、产业规模逐步壮大、应用领域不断拓展。在技术研发方面，深度学习算法日益精进，智能芯片、语音识别、计算机视觉等部分领域走在世界前列。2017—2018 年，中国在人工智能领域的专利总数连续两年超过了美国和日本。在产业发展方面，截至 2018 年上半年，国内人工智能企业总数达 1040 家，位居世界第二，在智能芯片、计算机视觉、自动驾驶等领域，涌现了寒武纪、旷视等一批独角兽企业。在应用领域方面，伴随着算法、算力的不断演进和提升，越来越多的产品和应用落地，比较典型的产品有语音交互类产品（如智能音箱、智能语音助理、智能车载系统等）、智能机器人、无人机、无人驾驶汽车等。人工智能的应用范围则更加广泛，目前已经在制造、医疗、金融、教育、安防、商业、智能家居等多个垂直领域得到应用。总体来说，目前我国在开发各种人工智能应用方面发展非常迅速，但在基础研究、原创成果、顶尖人才、技术生态、基础平台、标准规范等方面，距离世界领先水平还存在明显差距。

1956 年，在美国达特茅斯会议上首次提出人工智能的概念时，互联网还没有诞生；今天，新一轮科技革命和产业变革方兴未艾，大数据、物联网、深度学习等词汇已为公众所熟知。未来，人工智能将对世界带来颠覆性的变化，它不再是科幻小说里令人惊叹的场景，也不再是新闻媒体上"耸人听闻"的头条，而是实实在在地来到我们身边：它为我们处理高危险、高重复性和高精度的工作，为我们做饭、驾驶、看病，陪我们聊天，甚至帮助我们突破空间、表象、时间的局限，见所未见，赋予我们新的能力……

这一切，既让我们兴奋和充满期待，同时又有些担忧、不安乃至惶恐。就业替代、安全威胁、数据隐私、算法歧视……人工智能的发展和大规模应用也会带来一系列已知和未知的挑战。但不管怎样，人工智能的开始按钮已经按下，而且将永不停止。管理学大师彼得·德鲁克说："预测未来最好的方式就是创造未来。"别人等风来，我们造风起。只要我们不忘初心，为了人工智能终将创造的所有美好全力奔跑，相信在不远的未来，人工智能将不再是以太网中跃动的字节和CPU中孱弱的灵魂，它就在我们身边，就在我们眼前。"遇见你，便是遇见了美好。"

新一代人工智能2030全景科普丛书力图向我们展现30年后智能时代人类生产生活的广阔画卷，它描绘了来自未来的智能农业、制造、能源、汽车、物流、交通、家居、教育、商务、金融、健康、安防、政务、法庭、环保等令人叹为观止的经济、社会场景，以及无所不在的智能机器人和伸手可及的智能基础设施。同时，我们还能通过这套丛书了解人工智能发展所带来的法律法规、伦理规范的挑战及应对举措。

本丛书能及时和广大读者、同人见面，应该说是集众人智慧。他们主要是本丛书作者、为本丛书提供研究成果资料的专家，以及许多业内人士。在此对他们的辛苦和付出一并表示衷心的感谢！最后，由于时间、精力有限，丛书中定有一些不当之处，敬请读者批评指正！

赵志耘

2019 年 8 月 29 日

前　言

　　当前，在全球范围内，日趋复杂的算法、日益强大的计算机、激增的数据及提升的数据存储性能，为新一代人工智能实现质的飞越奠定了基础。新一代人工智能技术在突破了早期的图像和声音识别之后，通过深度学习和自我学习，开始应用到更广泛的领域，尤其是工业领域。

　　工业是国民经济的主体，自20世纪70年代开始，计算机控制系统的应用推动生产过程自动化水平的不断提升。近年来，随着以工业4.0为代表的第四次工业革命序幕的拉开，软件与云计算、大数据分析及人工智能算法一起，成为制造业范式转变的重要组成部分。我们可以看到，人工智能正在彻底改变制造业格局，智能制造重新定义了我们生产管理的方方面面。

　　智能制造遍布于全过程各个环节，包括产品设计、工艺规划、生产制造、物流、销售、服务等。通过智能装备、智能工厂、智能物流、智能决策等智能化解决方案与应用，实现企业可持续发展，从产品质量、交付效率、成本控制、客户服务等方面提升制造业企业综合竞争力。

　　这其中，新一代人工智能技术也将在重塑制造业的征程中发挥重要作用，帮助企业寻求最优的解决方案，创造新的价值，如设备预测性维护、优化排产流程、实现生产线自动化、减少误差与浪费、提高生产效率和质量、缩短交付时间及提升客户体验。

　　因此,我们才有必要按照《新一代人工智能发展规划》要求,围绕着制造强国的重大需求,推进智能制造关键技术装备、核心支撑软件、工业互联网等系统集成应用,研发智能产品及智能互联产品、智能制造使能工具与系统、智能制造云服务平台,推广流程智能制造、离散智能制造、网络化协同制造、远程诊断与运维服务等新型制造模式,建立智能制造标准体系,推进制造全生命周期活动智能化。

　　实现智能化的道路充满挑战,但潜在的收益也无比巨大。

　　预计未来 10 年,智能制造都将是工业的主攻方向,人工智能的技术创新与制造业的融合将彻底撼动传统工业活动与制造工艺。具有深度学习功能的智能机器将实现一个又一个技术突破,成功做到"感知""理解""处理"海量数据,逐步提升自身性能与技能,实现具备自感知、自学习、自决策、自执行、自适应等功能的新型智能生产方式。

目　录

第一章

智能制造是什么

传统工业化的技术特征是利用机械化、电气化和自动化，实现大规模生产和批量销售。现代工业化的技术特征，除了物理系统（自动化）之外，还要通过融合信息系统（信息化），最终实现信息物理系统（智能化）。

近些年，世界主要制造业大国均认识到智能制造的重要性，相继出台了促进智能制造发展的相关战略，以抢占新时期制造业的领先地位，如德国的工业 4.0、美国的工业互联网、日本的机器人新战略等，纷纷将智能制造确立为各国制造业转型升级的必经之路。

工业 4.0 在德国被认为是第四次工业革命，主要是指："智能工厂"利用"智能设备"将"智能物料"生产成为"智能产品"，整个过程贯穿以"网络协同"，从而提升生产效率，缩短生产周期，降低生产成本。它的典型特征是融合性与革命性，是新一代信息技术与工业化深度融合的产物，是一种新的生产方式，推动传统大规模批量生产向大规模定制生产转变（图 1-1）。

目前，中国正处在工业化的发展进程之中，经济崛起必定需要依托制造业。工业 4.0 时代，中国制造业向智能化发展存在着巨大的空间和潜力。为紧跟国际发展形势，中国也相继出台了促进制造业转型

图 1-1　工业 4.0 的演变过程

升级及智能制造发展的相关政策措施。例如，2015 年 7 月发布的《中国制造 2025》，旨在全面部署推进制造强国战略，将智能制造定位为中国制造的主攻方向。

第一节　智能制造的内涵变迁

智能制造其实源于人工智能的研究与应用。总体来看，智能制造经历了 3 个发展阶段，每个阶段的发展与人工智能技术的演进密切相关。

一是 20 世纪 80 年代开始的萌芽期，其概念最早由美国人赖特·伯恩于 1988 年提出，传统意义上的智能制造只限于生产过程，只是个体制造单元的智能化，限于当时的技术条件，没有网络互联，也没有数据流动，仅仅是基于 Know-How（知识技术）的时代。人工智能专家决策系统逐渐成熟，并开始应用于工业企业信息系统中。当然，那个时候的专家决策系统实质是领域专家知识的程序化执行，并不具备较高的智能化特征。所以说，当时就是一堆智能体，智能制造在长达 20 多年时间里没有能够发展起来。

二是 20 世纪 90 年代至 21 世纪初的融合期，具体表现为通过机器学习、数据科学与工业自动化技术结合解决相对复杂的问题，典型代表有：以模糊控制、神经网络控制和专家系统控制为代表的智能控制理论在工业过程控制和机器人领域的应用，将图像处理方法应用于产品视觉质量检测，使用机器学习工业数据的建模分析、形成工业数据模型并指导优化制造过程等方面。

三是 21 世纪初至今，以深度学习、知识图谱等为代表的新一代人工智能引发智能制造发展浪潮，典型代表有：设备预测性维护、整体优化、智能决策、深度视觉质量检测、工业知识图谱等方面。新一代人工智能能解决全局性、行业性问题，人机协作等智能工业机器人蓬勃发展并开始普及应用。

随着新一代信息技术的发展及在制造领域的不断渗透，如今的智能制造被赋予了新的内涵，进入到一个崭新的发展阶段。在大数据、物联网背景下，智能制造不再局限于生产过程，而是扩展到企业的全部活动，这个情况下智能制造的概念需要重新来表述。

2014 年，美国能源部给智能制造下了定义，说智能制造是先进传感仪器监测、控制和过程优化的技术和实践组合，他们将信息、通信技术和制造环境融合在一起，实现工厂生产率、成本的实施管理，需要实现的目标是装备的智能化、生产的自动化、信息流和物质流合一、价值链同步。

2016 年，中国工业和信息化部给智能制造下了定义，说智能制造是基于新一代信息通信技术与先进制造技术深度融合，贯穿于设计、生产、管理、服务等制造活动的各个环节，具有自感知、自学习、自决策、自执行、自适应等功能的新型生产方式。

总之，智能制造是一个很大的体系，它不仅包含各种自动化技术和数字化技术，更主要的是，还能通过人工智能使企业具备在生产经营过程中采集数据、分析数据、自我学习、自主判断、优化配置、升级能力等智能行为。

市场需求是智能制造发展的根本动力。20 世纪以来，随着市场经济的日益繁荣，消费者对商品的需求开始变得多样化、个性化、定制化，这就要求制造业企业必须进一步缩短工期、提高效率、降低成本、提升质量和服务，也促使工业制造从最初的规模化战略、成本导向发展到未来的差异化战略、服务导向。产业围绕智能转，产品围绕智能造，结构围绕智能调，功能围绕智能配，民生围绕智能兴，管理围绕智能抓。

技术进步是智能制造发展的关键因素。制造业的产业发展过程也是制造技术进步的过程。从制造业发展历史来看，第一次工业革命是蒸汽机的发明，实现了机械化。第二次工业革命是电气的发明，实现了电气化。20世纪70年代开始，随着信息技术的发展，包括计算机服务系统、企业资源计划（enterprise resource planning，ERP）等软件系统在制造业领域的应用，带来了制造业的数字化和自动化，实现了第三次工业革命。可以说，前三次工业革命让制造业的生产技术不断地进化。而新一轮工业革命则是以互联网为代表的信息技术革命，其为制造业注入了新的生命力，将在第三次工业革命的基础上，对制造业的模式造成了新的转变——以顾客为中心，快速响应市场需求变化，综合了信息化、数字化、网络化、自动化等技术，实现协同制造模式的创新，实现提质增效的目的和灵活的生产，从而使制造系统取得理想的社会经济效益。

因此，最近几年德国、美国、日本等发达国家纷纷出台和智能制造有关的战略规划，旨在抢占未来制造业发展的制高点和主导权。作为制造业大国，德国2013年开始实施一项名为"工业4.0"的国家战略，希望在工业4.0中的各个环节应用互联网技术，将数字信息与现实社会之间的联系可视化，将生产工艺与管理流程全面融合。由此，实现智能工厂，生产出智能产品。相对于传统制造工业，以智能工厂为代表的未来智能制造业是一种理想状态下的生产系统，能够智能判断产品属性、生产成本、生产时间、物流管理、安全性、信赖性及可持续性等要素，从而为各个顾客进行最优化的产品定制。

美国自然不甘落后。2014年4月，美国的五大产业巨头——AT&T、思科（Cisco）、通用电气（GE）、IBM和英特尔（Intel）在波士顿宣布成立工业互联网联盟。工业互联网的主要含义是：在现实世界中，机器、设备和网络能在更深层次与信息世界的大数据和分析连接在一起，带动工业革命和网络革命两大革命性转变。工业互联网基于互联网技术，使制造业的数据流、硬件、软件实现智能交互。

在未来的制造业中，由智能设备采集大数据，之后利用智能系统的大数据分析工具进行数据挖掘和可视化展现，形成智能决策，为生产管理提供实时判断参考，反过来指导生产，优化制造工艺。

伴随德国工业4.0时代的到来，生产制造领域的工业机器人将不断地升级为智能机器人。作为制造业大国和机器人大国，日本如坐针毡——如果不推出机器人国家战略规划的话，将威胁日本作为机器人大国的地位。2015年1月23日，日本政府公布了《机器人新战略》。该战略列举了欧美与中国的技术赶超，互联网企业向传统机器人产业的涉足，以及给机器人产业环境带来的剧变。这些变化，将使机器人开始应用大数据实现自律化，使机器人之间实现网络化，物联网时代也将随之真正到来。

德国、美国、日本三国是公认的制造强国，在先进制造业方面拥有绝对优势。新一轮工业革命已然到来，三国在制造业上争相发力，但目的都是期望抢占未来制造业的主导权。正当德国、美国、日本三国激战正酣之际，中国的"组合拳"将全球目光吸引到了东方。2015年3月的全国两会上，李克强总理在政府工作报告中提出将要实施"中国制造2025"战略和"互联网＋"行动计划。5月8日，《中国制造2025》经李克强总理签批正式面世，明确提出"力争用10年时间，迈入制造强国行列"；7月4日，国务院发布《关于积极推进"互联网＋"行动的指导意见》，其中的"互联网＋"协同制造是重点行动之一，旨在推动互联网与制造业融合，提升制造业数字化、网络化、智能化水平，加强产业链协作，发展基于互联网的协同制造新模式。在重点领域推进智能制造、大规模个性化定制、网络化协同制造和服务型制造，打造一批网络化协同制造公共服务平台，加快形成制造业网络化产业生态体系（表1-1）。

表 1-1　国内外智能制造发展模式

典型模式	主要特点
德国模式	**由硬及软，互联互通**。以工业 4.0 为主要代表，依托德国雄厚的制造业优势，形成高度灵活的个性化和数字化的产品与服务的生产模式，信息物理系统自下而上渗透制造业。主要特点有以下几个方面。 1. 由德国政府主导，利益相关者是政府、学术界和商业；覆盖领域主要是工业。 2. 核心技术主要包括供应链协调、嵌入式系统、自动化、机器人等。 3. 着眼德国市场，针对中小企业，追求生产过程最优化
美国模式	**由软及硬，互联互通**。以 GE 提出的工业互联网为代表，发挥美国在软件和信息技术方面的优势，通过机器和 ICT 技术（信息通信技术）的融合，降低成本提升效率。主要特点有以下几个方面。 1. 大型跨国企业主导，利益相关者是商业、学术界和政府；覆盖领域包括制造业、能源、交通、医疗、公共事业、城市管理、农业。 2. 核心技术主要包括通信技术、数据流、设备控制与集成、预测分析、工业自动化等。 3. AT&T、思科、GE、IBM、英特尔等组成工业互联网联盟，打破技术壁垒。 4. 着眼全球市场，针对各种类型企业，追求效益最优化
日本模式	**重点突破，深度融合**。日本政府发布了《机器人新战略》，确保机器人大国的优势地位，将机器人与 IT 技术、大数据、网络、人工智能等深度融合，引领物联网时代机器人产业的发展。主要特点有以下几个方面。 1. 由政府主导，利益相关者是政府、商业、学术界；涵盖制造业、服务业、医疗护理业、基础设施建设及防灾等主要应用领域。 2. 成立了日本机器人革命促进会，下设"物联网升级制造模式工作组"。 3. 工业控制设备企业、IT 企业、工业企业、贸易集团及智库等积极参与。 4. 主要着眼日本市场，针对各种类型企业
中国模式	**发展智能制造，"两化"深度融合**。为加速中国制造业转型升级、提质增效。2015 年，国务院发布实施《中国制造 2025》，并将智能制造作为主攻方向，加速培育中国新的经济增长动力，抢占新一轮产业竞争制高点。其中，智能制造工程聚焦"五三五十"重点任务，即：攻克 5 类关键技术装备、夯实智能制造三大基础、培育推广 5 种智能制造新模式、推进十大重点领域智能制造成套装备集成应用、持续推动传统制造业智能转型。主要特点有以下几个方面。

续表

典型模式	主要特点
	1. 智能制造不可一蹴而就，需分步骤持续推进。 2. 由政府统筹规划，针对不同地区、行业、企业的现状，推出有针对性的政策措施。 3. 将企业作为发展智能制造的主体，突出企业与用户、科研机构等协同创新。 4. 集中力量突破一批需求迫切、带动作用强的关键技术装备、智能制造成套装备，提升智能制造支撑能力，在基础条件好的领域推进集成应用和试点示范

资料来源：《厦门市智能制造"十三五"发展规划》。

由此可见，正在发生的第四次工业革命与中国加快转变经济发展方式形成历史性交汇，为我们实施创新驱动发展战略提供了难得的重大机遇。制造业是创新驱动发展的主战场，发展智能制造是扭转制造业低质低效，实现新旧动能转换的关键所在。

第二节　人工智能让"制造"变"智造"

人工智能一词最早是在 1956 年达特茅斯会议上被提出的。该会议确定了人工智能的目标是"实现能够像人类一样利用知识去解决问题的机器"。由此，也引发了人工智能的第一次高潮。在算法方面，主要致力于研究模拟人的神经元反应过程，从训练样本中自动学习，完成分类任务。但当时，人工智能技术在本质上只能处理线性分类问题，就连最简单的异或题都无法正确分类。许多应用难题并没有随着时间推移而被解决，神经网络的研究也因此开始陷入停滞。

人工智能的第二次高潮始于 20 世纪 80 年代。随着计算机的普及，算力得到了大幅提升，机器学习成为人工智能发展的新阶段，针对特定领域的专家系统也在商业上获得成功应用，人工智能迎来了又一轮高潮。然而，应用领域狭窄、知识获取困难等问题使得人工智能的研究进入第二次低谷。

　　人工智能的第三次高潮始于 21 世纪初。伴随着大数据时代的到来，人工智能有了源源不断的"数据粮食"供给，深度学习等高级机器学习算法的出现引起了广泛的关注，网络的深层结构也能够自动提取并表征复杂的特征，避免传统方法中通过人工提取特征的问题。同时，深度学习被应用到语音识别及图像识别中，取得了非常好的效果（图1-2）。

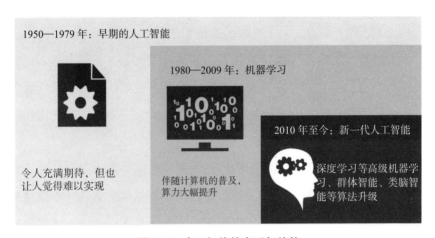

图 1-2　人工智能的变迁与趋势

　　因此，新一代人工智能被公认为是 21 世纪科技领域最为前沿的技术之一，是具有显著产业溢出效应的基础性技术，大家都期望人工智能未来能推动各个领域的变革和跨越式发展，尤其是对传统行业的转型升级。例如，人工智能可以为国防、医疗、工业、农业、金融、商业、教育、公共安全等领域赋能，催生新的业态和商业模式；人工智能还可以带动工业机器人、无人驾驶汽车等新兴产业的飞跃式发展，成为工业 4.0 的推动器。目前，备受追捧的智能制造、智能家居、无人驾驶、智能安防、智能医疗等发展方向，所代表的无一不是"智能＋应用场景"

发展的最新形态。

过去几年中，科技巨头已相继设立人工智能实验室，投入越来越多的资源布局人工智能技术和产业，甚至整体转型为人工智能公司，紧锣密鼓筹谋人工智能未来。世界主要国家也纷纷把人工智能当作未来的战略主导，出台战略发展规划，从国家层面进行整体推进，迎接即将到来的智能社会。

2017 年 7 月，国务院发布的《新一代人工智能发展规划》将发展智能经济作为主要任务之一，要求加快培育具有重大引领带动作用的人工智能产业，促进人工智能与各产业领域深度融合，形成数据驱动、人机协同、跨界融合、共创分享的智能经济形态。

发展智能经济不仅仅是发展人工智能新兴行业，还要推动人工智能与各行业融合创新，在制造、农业、物流、金融、商务、家居等重点行业和领域开展人工智能应用试点示范，推动人工智能规模化应用，全面提升产业发展智能化水平。

随着新一代人工智能技术的快速发展，智能制造也逐渐从理论走向现实。智能制造是传统产业的智能化升级的重中之重，其本质是新一代人工智能技术在工业领域中的应用，不断丰富和迭代自己的分析与决策能力，以适应变幻不定的复杂工业生产环境，并完成多样化的工业生产任务，最终达到提升企业竞争力和洞察力，提高生产效率和设备产品性能的目的。

智能制造通过虚拟网络和实际生产相结合，具有信息自动感知、智能优化自动决策、精准控制自动执行等功能，融入制造业的每一个环节，深度参与从产品设计、生产到仓储物流、售后服务全流程，是制造业提高生产效率、降低生产成本的有效手段。例如，在生产过程中，把所需零件工具输送到各个生产单元中，物流小车机器人通过 5G 传输、机器交互语言传达所有操作要求，装配成型。在这个过程中，机器和机器间可以交流，机器配备有大量感应元件，有"感觉"也有"视觉"，可以做出高度拟人的方案与动作（图1–3）。

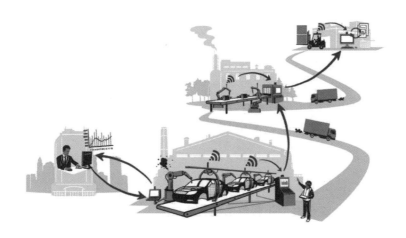

图 1–3　智能设备生产场景

资料来源：日本经济产业省。

未来，随着以人工智能技术为代表的新一代信息技术与制造技术的进一步深度融合，智能制造将呈现以下三大发展趋势。

1. 改变工厂、工人、供应商、用户之间的关系

智能制造更为强调设备与设备、设备与工厂、工厂与工厂、工厂与人之间的互联互通，为实现这样的互联互通，将会形成不同的技术集群。随着智能建模与仿真技术、工业数据采集与管理技术、企业级管理决策技术、智能化产品设计技术、高可靠性工业有线／无线通信网络技术、智能制造安全技术、智能制造技术标准等智能制造共性技术的进一步发展，智能制造的技术集群构建速度将进一步加快，并呈现高性能化、智能化、集成化的特点，也将彻底改变工厂、工人、供应商、用户之间的关系。

2. 实现由大规模批量化生产向大规模定制化生产的转变

随着工业互联网、大数据分析技术的日益成熟，制造业企业和用户之间的联系也日趋紧密。智能制造终将构建一个以个性化需求为主导的制造业生态系统，制造业企业将更关注用户个体，而不仅是某一消费群体。制造业企业与用户将实现实时化、个性化互动，根据用户的个性化需求，进行定制化生产。用户需求将成为产品创新的核心，其表现为用户和上下游产业链上的合作伙伴携手进行开放式、协同式创新。因此，在用户需求的推动下，制造业必须具备高度柔性化、个性化、相应市场响应加快的特点，满足市场对个性化定制的需求，实现由大规模批量化生产向大规模定制化生产的转变。

3. 系统监管全方位化和制造绿色化

智能工厂可实时获取工厂内外相关数据和信息，通过网络研发平台使身处不同部门、不同地点的研发人员进行协同设计。实现产品设计、生产、管理、销售、服务的全程管控可视化、交互化，实现系统监管全方位化和制造绿色化，是智能制造未来的发展方向。在智能服务方面，提供智能制造解决方案的服务平台不断增多，如产品智能服务平台、生产性服务智能运控平台、智能生产物流平台、制造与服务的智能集成平台等，这些服务平台都将得到快速发展。企业生产、经营、管理模式也将发生变革，体现在产品创新、生产制造、供应链、营销和服务的全生命周期。

第三节　新一代的智能制造

伴随人工智能与制造业的深度融合，新一代的智能制造将会形成数据驱动、人机协同、跨界融合、共创分享的智能经济形态。数据和知识将成为工业经济增长的第一要素，人机协同将成为主流生产和服务方式，生产率大幅提升，引领制造业产业向价值链高端迈进，有力支撑工业经济发展，全面提升发展的质量和效益。

一、智能工厂

当前，在企业的设计和生产环节中，信息化系统已得到一定程度上的应用，如在研发环节得到普遍应用的计算机辅助设计（CAD）、在生产环节导入的制造执行系统（MES）及在企业管理环节得到广泛应用的企业资源计划（ERP）等信息系统。但是，在解决设计、制造、管理等环节信息协同的过程中，系统解决方案的应用仍需完善。

而智能工厂是指以产品和工厂全生命周期的相关数据为基础，在计算机虚拟环境中对整个生产过程进行仿真、评估和优化，并进一步扩展到整个产品和工厂全生命周期的新型生产组织方式。

随着人工智能、认知计算及机器学习的发展，系统已能够解读、调整或学习互联设备所收集的数据。具备了这种发展和适应的能力，并结合强大的数据处理与存储性能，制造业企业不仅可实现任务自动化，更能处理高度复杂的互联流程。日益复杂的供应链与全球离散化生产及需求随着制造业的全球化进程加速提升，生产日益离散化，生产过程往往涉及不同地区多个设备及供应商。与此同时，区域、本地及个体的个性化需求渐增，加之不断变化的需求与日益稀缺的资源，供应链变得越加复杂。工业 4.0 其实就是基于信息物理系统实现智能工厂，最终实现的是制造模式的变革。

工业 4.0 从嵌入式系统向信息物理系统（CPS）进化，形成智能工厂。智能工厂作为未来第四次工业革命的代表，不断向实现物体、数据及服务等无缝连接的互联网（物联网、数据网和服务互联网）的方向发展。未来的智能工厂，需要打通设备、数据采集、企业信息化系统、云平台等不同层的信息壁垒，实现从车间到决策层的纵向互联（图 1-4）。

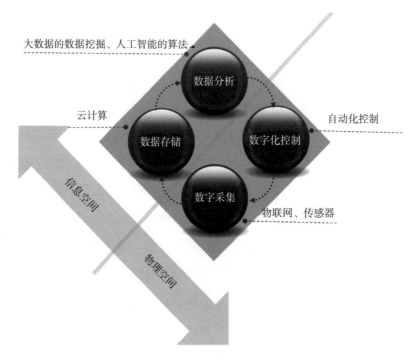

图 1-4 信息物理系统

物联网和服务互联网分别位于智能工厂的 3 层信息技术基础架构的底层和顶层。与生产计划、物流、能耗和经营管理相关的企业资源计划软件（ERP）、供应链管理（supply chain management, SCM）、客户关系管理（customer relationship management, CRM）等，和产品设计、技术相关的产品全生命周期管理（product lifecycle management, PLM）处在最上层，与服务互联网紧紧相连。中间一层，通过 CPS 实现对生产设备和生产线的控制、调度等相关功能。从智能物料的供应到智能产品的产出，智能制造贯通整个产品生命周期。最底层则通过物联网技术实现控制、执行、传感，实现智能生产（图 1-5）。例如，如今的工厂物料配给系统已远非按照预定路线进行自动循环取货那么简单，物流环节不仅朝着真正的无人化方向发展，而且还能通过互联系统识别需求，向自主控制的运输系统传达指令，实现实时响应。这些系统之间及互联网的工作台和仓库之间互相传递信息数据，实现了动态地应对供需的变化。

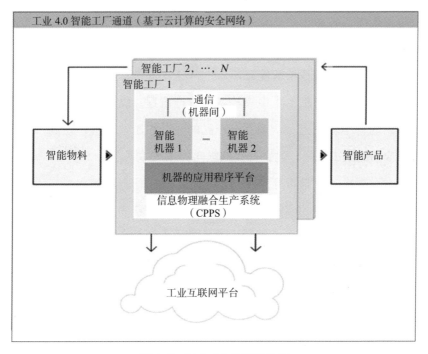

图 1-5　工业 4.0 的智能生产

资料来源：《德国工业 4.0 最终报告》（作者改译）。

　　智能工厂的高度集成化能够极大地提高企业的生产效率，有效地组织各方资源，提高不同链条中员工的生产积极性，将企业从不同个体变为具备超强凝聚力的团队，使人员组织管理、任务分配、工作协调、信息交流、设计资料与资源共享等发生根本性变化。工业 4.0 本身就是倡导通过信息物理系统，将生产设备、传感器、嵌入式系统、生产管理系统等融合成一个智能网络，使得设备与设备及服务与服务之间能够互联，从而实现横向、纵向和端对端的高度集成。

横向集成是指网络协同制造的企业间通过价值链及信息网络所实现的一种资源信息共享与资源整合，确保各企业间的无缝合作，提供实时产品与服务的机制。横向集成主要体现在网络协同合作上，主要是指从企业的集成到企业间的集成，走向企业间产业链、企业集团甚至跨国集团这种基于企业业务管理系统的集成，产生新的价值链和商业模式的创新。

纵向集成是指基于智能工厂中的网络化的制造体系，实现分散式生产，替代传统的集中式中央控制的生产流程。纵向集成主要体现在工厂内的科学管理上，从侧重于产品的设计和制造过程，走向产品全生命周期的集成过程，建立有效的纵向的生产体系。

端对端集成是指贯穿整个价值链的工程化信息系统集成，以保障大规模个性化定制的实施。端对端集成以价值链为导向，实现端到端的生产流程，实现信息世界和物理世界的有效整合。端对端集成是从工艺流程角度来审视智能制造，主要体现在并行制造上，将由单元技术产品通过集成平台，形成企业的集成平台系统，并朝着工厂综合能力平台发展。

智能工厂的 3 项集成，从多年来以信息共享为集成的重点，走到了过程集成的阶段，并不断向智能发展的集成阶段迈进，推动在现有高端水平上的纵向、横向及端到端的，包括企业内部、企业与网络协同合作企业之间及企业和顾客之间的全方位的整合。

从过去集成化思想在制造业中的发展历程及给制造业带来的效果评价来看，制造业已然越来越离不开以先进技术为支持的全方位整合。可以说，基于全方位整合的集成化思维是制造业新思维之一。而且，制造业今后的发展也必将以"借势借力、整合资源"的全方位整合为基本思路。

案例 1　博世力士乐　通过互联实现批量定制

博世力士乐（Bosch Rexroth）的洪堡基地拥有 50 年历史、约 700 名员工，是德国首批工业 4.0 示范试点之一。

博世力士乐采用包括无纸化的动态看板、自我制导产品、独立工作单元、员工和产品自动识别、实时质量检测等各类创新技术，通过配合基于电子标签（RFID，无线射频识别）的电子看板和分拣等物联网标识技术，提升了生产效率和产品产量，同时在流水线上可以满足更多品种的定制化生产。

通过在生产线上利用这些技术并提升柔性，使得批量定制从经济上成为可能。工业制造业企业目前在自己的生产线上对博世力士乐的液压运动控制单元进行后期的定制化，确保后续生产。博世力士乐通过更紧密地融合产品区域装配技术和移动控件，奠定了从零件供应商向灵活的模块供应商转型的基础，使其不仅能够纵向整合供应链，还为将来开发远程诊断、预测性维护或按使用付费等增值服务提供了机遇。

博世力士乐还为工人提供了包括 APP 在内的各种工具，使工人能够访问各类信息和数据。例如，利用 APP 进行实时质量检测，自动反复核查生产流程的准确性，便于工人能够及时认识到偏差并进行纠正。

案例 2　特斯拉　超级工厂

特斯拉是智能工厂与智能产品的典型代表。特斯拉超级工厂位于美国加利福尼亚州，原为通用汽车（GM）和丰田汽车合资工厂，2010 年被特斯拉收购，大量使用工业机器人，成为世界最先进的电动汽车生产工厂之一，从原材料加工开始所有工序均在该工厂内进行。超级工厂内共有 160 余台机器人，分属冲压生产线、车身中心、烤漆中心和组装中心。车身中心的"多工机器人"（multitasking robot）是目前最先进、使用频率最高的机器人，可执行多种不同任务，包括车身冲压、焊接、铆接、胶合等工作。

特斯拉对产品的定义是具备特有人机交互方式，包含硬件、软件、内容和服务的综合大型可移动智能终端。电动汽车与传统汽车相比零部件大幅减少，特斯拉 Model S 和 Model X 有 60% 的零部件通用，生产效率大幅提高。机器人和其他数字化技术还使得工人更加轻松、安全和高效。协作机器人不仅能完成预先编程所规定的任务，工人们还能通过交互的方式"训练"这些机器人。他们无须耗费大量的时间进行编程，只需重复自己的动作即可。

案例 3　日本小松　KOM-MICS 实现预测性维护

小松公司将其智能工厂系统命名为 KOM-MICS（komatsu manufacturing innovation cloud system），所有生产设备都实现网络覆盖，以实现生产信息可视化。小松最早在其焊接机器人上应用 KOM-MICS。未来将在全部生产设备上实现设备运转可视化。不仅小松的工厂应用 KOM-MICS，小松的供应商未来也将应用这一系统。

KOMTRAX 是小松的产品远程监控系统，可了解到小松产品的运行情况，并及时告知用户产品何时需要维修保养，提高运行效率。KOMTRAX 系统帮助小松拓展软性服务市场，提升原有硬件产品的附加价值。

二、智能设备

在未来的智能工厂，每个生产环节清晰可见、高度透明，整个车间有序且高效地运转。工业4.0中，自动化设备在原有的控制功能基础上，附加一定新功能，就可以实现产品全生命周期管理、安全性、可追踪性与节能性等智能化要求。这些为生产设备添加的新功能是指通过为生产线配置众多传感器，让设备具有感知能力，将所感知的信息通过无线网络传送到云计算数据中心，通过大数据分析决策进一步使得自动化设备具有自律管理的智能功能，从而实现设备智能化。

工业4.0中，在生产线、生产设备中配备的传感器，能够实时抓取数据，然后经过无线通信连接互联网，传输数据，对生产本身进行实时的监控。设备传感和控制层的数据与企业信息系统融合，形成了信息物理系统，使得生产大数据传到云计算数据中心进行存储、分析，形成决策并反过来指导设备运转。设备的智能化直接决定了工业4.0所要求的智能生产水平。

生产效率是制造业企业首先会考虑的问题。在具体生产流程方面，工业4.0对企业的意义在于，它能够将各种生产资源，包括生产设备、工厂、工人、业务管理系统和生产设施形成一个闭环网络，进而通过物联网和系统服务应用，实现贯穿整个智能产品和系统的价值链网络的横向、纵向的链接和端对端的数字化集成，从而提高生产效率，最终实现智能工厂。通过智能工厂制造系统在分散价值网络上的横向连接，就可以在产品开发、生产、销售、物流、服务的过程中，借助软件和网络的监测、交流沟通，根据最新情况，灵活、实时地调整生产工艺，而不再是完全遵照几个月或者几年前的计划。

工业4.0通过信息物理系统将不同设备通过数据交互连接到一起，让工厂内部、外部构成一个整体。而这种"一体化"其实是为了实现生产制造的"分散化"。工业 4.0 中，生产模式将从"由集中式中央控制向分散式增强控制"转变，"分散化"后的生产将变得比流水线的自动化方式更加灵活。

流水线作业的主要特点是：物料通过流水线传送，操作工人在工位上不动，不断地简单重复一个固定的动作。好处是可以避免操作工人在车间内来回走动、更换工具等劳动环节，从而显著地提升工作效率。

随着可编程逻辑控制器（programmable logic controller, PLC）的出现和普及，自动化技术得到了重大突破。PLC 使得一些逻辑关联复杂的操作可以由设备自动完成。同时，数控机床技术的发展使得零部件能够在机床上按照图纸完成若干复杂的加工工作。此外，采用机械手等工业机器人技术，也使得替代操作工人的简单重复的固定作业成为可能。所以，在流水线上，经过分解的、由标准化动作组成的操作很容易被自动化的机器来完成。也就是说，流水线很容易实现自动化。过去 30 多年是全球化发展最快的一段时期，发达国家通过产业转移将大量劳动密集型产业转移到劳动力成本较低的发展中国家。对于大量劳动密集型产业来说，自动化水平较高的流水线的综合成本往往要高于自动化水平较低的生产线。

但是，自动化流水线也有其弊端。其不能灵活地生产，不能满足个性化定制，而且重复性低、相对复杂、感知能力要求强的操作更适合人工来做。

更好地满足个性化需求，提高生产线的柔性是制造业长期追求的目标。

工业 4.0 中描述的智能设备主要是指从事作业的机器人（工作站）能够通过网络实时访问所有有关信息，并根据信息内容，自主切换生产方式及更换生产材料，从而调整为最匹配模式的生产作业。动态配置的生产方式能够实现为每个客户、每个产品进行不同的设计、零部件构成、产品订单、生产计划、生产制造、物流配送，杜绝整个链条中的浪费环节。与传统生产方式不同，动态配置的生产方式在生产之前，或者在生产过程中，都能够随时变更最初的设计方案。

　　例如：目前的汽车生产主要是按照事先设计好的工艺流程进行的生产线生产方式。尽管也存在一些混流生产方式，但是生产过程中，一定要在由众多机械组成的生产线上进行，所以不会实现产品设计的多样化。管理这些生产线的制造执行系统（MES）原本应该带给生产线更多的灵活性，但是受到构成生产线的众多机械的硬件制约，无法发挥出更多的功能，作用极为有限（图1-6）。

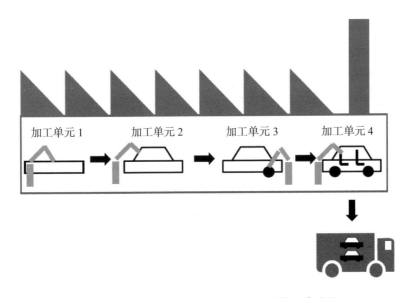

图1-6　传统汽车生产中严格按照顺序的生产流程
资料来源：《德国工业4.0最终报告》（作者改译）。

　　同时，在不同生产线上操作的工人分布于各个车间，他们都不会掌握整个生产流程，所以也只能发挥出在某项固定工作上的作用。这样一来，很难实时满足客户的需求。

　　工业4.0描绘的智能工厂中，固定的生产线概念消失了，取而代之的智能设备采取了可以动态、有机地重新构成的模块化生产方式。

例如：生产模块可以视为一个"信息物理系统"，正在进行装配的汽车能够自律地在生产模块间穿梭，接受所需的装配作业。其中，如果生产、零部件供给环节出现瓶颈，能够及时调度其他车型的生产资源或者零部件，继续进行生产。也就是说，为每个车型的自律性选择适合的生产模块，进行动态的装配作业。在这种动态配置的生产方式下，可以发挥出 MES 原本的综合管理功能，能够动态管理设计、装配、测试等整个生产流程，既保证了生产设备的运转效率，又可以使生产种类实现多样化（图 1-7）。

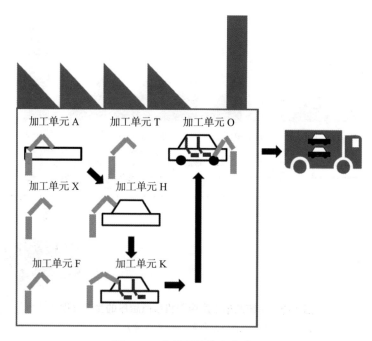

图 1-7 动态配置的生产流程

资料来源：《德国工业 4.0 最终报告》（作者改译）。

按照 SAP 公司的测算，这种模块化生产，预计生产效率可提升20%。新的模块化生产的特点和价值主要体现在 4 个方面。

一是独立。每一个工作站都是一个单独的模块。传统生产线的顺序限制不复存在，在需要的时候，模块可以随时加入或退出，而不会相互影响。

二是可变。每个产品都可以有自己的虚拟可变的加工流程顺序，在离开每个工作站的时候，对下一个工作站目的地做出最优决策。

三是智能。所有的产品和物料通过 AGV 在车间自动运输，只有在需要的时候才会发出，从而将在制数量降到最低，并提高效率。

四是灵活。模块化提高了生产系统的扩展性，并且对产品的形状、尺寸具有更高的适应性，可以按照需要方便地进行调整。

这种模块化生产是"基于算法的生产"（algorithmic production），基于算法意味着：实时处理复杂性和动态配置的灵活生产方式（图 1-8）。

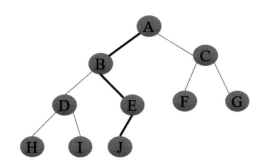

图 1-8 基于人工智能算法的智能生产

智能设备还可以在机器、网络、个人或企业之间实现共享，用以进一步促进智能协作，从而可以使众多的相关企业参与到资产维护、管理和优化过程中，也可以确保在恰当的时候将那些本地和远程拥有机器专业知识的人们整合起来。每个智能设备都会产生大量可以通过工业互联网传输给远程机器和用户的数据。智能设备产生的数据，还包括那些能够优化运行或维护机器、机组的外部数据。随着时间的推移，这些数据使机器能够从它的历史数据中得到启示，并且通过控制系统更加智能地运转。

例如：管理人员可以了解某个特定的组件在某种条件下运行了多长时间。分析工具可以将这些数据与其他工厂类似组件的操作历史数据进行对比，对于组件发生故障的可能性和时间提供科学的预测。从而，使得操作数据和预测分析可以结合起来，有效避免运行中断同时降低维护成本。一旦智能设备采集到大量的智能数据，就可以通过智能系统挖掘出具备商业经营价值的智能决策。设备与数据相互结合，网络协同且实时更新，将对诸多行业带来较大裨益。

据美国通用电气公司（GE）的预测，航班延误每年给航空公司带来的损失超过 400 亿美元。其中 10% 的延误是由于对飞机的维护欠缺所造成的。同时，全球航空业每年燃油费用高达 1700 亿美元（营业收入约为 5600 亿美元），而根据国际航空运输协会（IATA）的调查，这些油耗中有 18%～22% 属于浪费。GE 的工业互联网通过对飞机航运数据和零部件系统数据的监测与统计，分析若注重维修保养上的问题，每年可减少 1000 次延误情况。同时，选择适当的时机进行维修保养，也可以降低设备投资成本。通过航运数据，挖掘减少燃油能耗的实现路径，从而实现对飞行调度的优化，可减少 2% 的能耗使用，每年节约 2000 万美元成本，减少大量二氧化碳排放。

三、智能物料

工业 4.0 时代，在智能工厂中，客户关系管理（customer relationship management，CRM）、产品数据管理（product data management，PDM）、供应链管理（supply chain management，SCM）等软件管理系统可能都将互联。届时，接到顾客订单后的一瞬间，工厂就会立即自动地向原材料或零部件供应商采购原材料或零部件。原材料或零部件到货后，将被赋予数据，"这是给某某客户生产的某某产品的某某工艺中的原材料或零部件"，使原材料或零部件带有信息。带有信息的原材料或零部件也就意味着拥有自己的用途或目的地，成为"智能物料"。

在生产过程中，如果原材料或零部件一旦被错误配送到其他生产线，它就会通过与生产设备开展"对话"，返回属于自己的正确的生产线；如果生产机器之间的原材料不够用，同样，生产机器也可以向订单系统进行"交涉"，来增加原材料或零部件数量。

最终，即便是原材料或零部件嵌入到产品内，由于它还保存着路径流程信息，将会很容易实现追踪溯源。

据媒体报道，SAP 全球高级副总裁、全球研发网络总裁柯曼先生曾经在 2014 中国信息产业经济年会上做了主题为"SAP 中国的工业 4.0 和物联网之道"的演讲。柯曼认为，在工业 4.0 时代，所有的事情都变得数字化了。每个产品都有自己独立的 ID，企业可以突破地理空间的限制，实现远程操作与服务。建立在大数据预测的基础上，企业能够根据预测结果为客户量身提供更为延后或者提前的服务，进一步降低风险和成本。在生产的过程中，企业也能够实现更好的能源管理和弹性生产。

四、智能产品

越来越多的事实表明，信息技术特别是人工智能的发展和应用正以前所未有的广度和深度，加快推进制造业生产方式、制造模式的深刻变革。随之而来的是，产品本身属性的变化（图 1-9）。

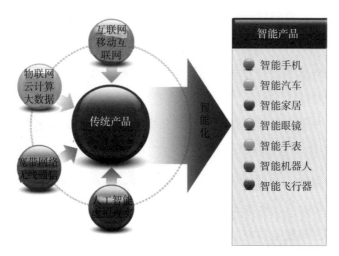

图 1-9 产品的智能化

当前的汽车或许不再是一个"机械",而是一个由传感器、天线、接收器、显示仪等众多的电子零部件组成的"电子产品"（图 1-10）。

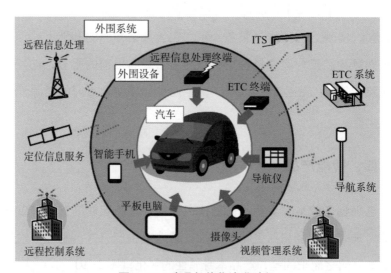

图 1-10 产品智能化演进过程

资料来源：《工业 4.0：最后一次工业革命》，王喜文。

随着互联网，尤其是移动互联网的发展，汽车开始与更多的外围设备、外围系统互动，传递信息、共享信息。通过与智能交通系统（ITS）联网，可以实时获取交通信息、道路及加油站信息等；通过接收卫星导航，实现丰富的定位信息服务；通过智能手机、平板电脑等外围设备，实现更加具有扩展性的应用。汽车已经从一个"电子产品"进一步变身为一个"网络"。未来的汽车能否与网络互联，可能成为汽车市场竞争中的决定性因素。

可以说，人工智能在国民经济和社会发展中发挥着越来越重要的作用。传统的通信系统、飞机控制系统、汽车电子、家电、武器装备、电子玩具等以嵌入式系统为代表的物理产品在社会生活的各个领域广泛存在。而随着计算、网络和控制技术的发展，以及未来制造业需求的提高，它们都不断地从物理产品演变成为"电子产品"或者"网络产品"乃至"智能产品"。

五、网络协同

通过互通互联，云计算、大数据这些新的互联网技术和以前的自动化的技术结合在一起，生产工序实现纵向系统上的融合，生产设备和设备之间，工人和设备之间的合作，把整个工厂内部的要素联结起来，形成信息物理系统，互相之间可以合作，可以响应，可以开展个性化的生产制造，可以调整产品的生产率，还可以调整利用资源的多少、大小，采用最节约资源的方式。

工业4.0的智能制造，重点研究智能化生产系统及过程，以及网络化分布式生产设施的实现，其核心就是在整个工业生产的应用过程中，通过信息物理系统，利用物联网技术、软件技术和通信技术，加强信息管理和服务，提高生产过程的可控性，从而实现研发、生产、制造工艺及工业控制等全方位的信息覆盖，全面控制各种信息，确保各个生产制造环节都能处于最优状态，从而引导制造业向智能化转型。

（一）工厂内的协同

对于一个制造业企业来说，其内部的信息是以制造为核心的，包括生产管理、物流管理、质量管理、设备管理、人员及工时管理等和生产相关的各个要素。传统的制造管理是以单个车间／工厂为管理单位，管理的重点是生产，管理的范围是制造业内部。

但是，随着信息技术的进步，很多制造型企业在发展的不同时期，根据管理的不同时期的需求，不断地开发了不同的系统，并在企业内部逐步使用，如库存管理系统、生产管理系统、质量管理系统、产品全生命周期管理系统、供应量管理系统等。不同的系统来实现不同的功能，有些系统采用自主开发或由不同供应商的系统所组成。随着企业的发展，要求不同的生产元素管理之间的协同性，以避免制造过程中的信息孤岛，因此，对各个系统之间的接口和兼容性的要求越来越高，即各个系统之间的内部协同越来越重要。

例如：对于采用两套各自独立的系统来管理生产和库存的企业，生产实施之前，生产管理系统需要掌控某项生产计划的实施及物料资源的供应，而如果库存管理系统和生产管理系统相对独立，就无法实现协同，生产所需要的物料信息不能反馈给库存管理系统，库存管理系统也不能得到生产所需要物料的需求信息。在生产完成之后，生产管理系统汇总生产结果与实际的物料使用信息，但是由于生产管理系统与库存管理系统采用的是不同的独立系统，库存管理系统并不能实时得到物料使用信息，致使实际库存情况和系统的结果不能保持一致。为了弥补信息的断层，不得不在库存管理系统和生产管理系统之间进行数据信息的手工导入和导出，经常进行周期性的人工盘点，才能做到使用情况与库存信息的匹配。

随着对制造的敏捷性及精益制造的要求不断提高，靠人工导入、导出信息已经不能满足制造业信息化的需求，这就要求在不同系统之间进行网络协同，做到实时的信息传递与共享。

（二）工厂间的协同

未来制造业中，每个工厂是独立运作的模式，每个工厂都有独立运行的生产管理系统，或者采用一套生产管理系统来管理所有工厂的操作。但是随着企业的发展，企业设置有不同的生产基地及多个工厂，工厂之间往往需要互相调度，合理地利用人力、设备、物料等资源，企业中每个工厂之间的信息的流量越来越多，实时性的要求越来越高，同时每个工厂的数据量和执行速度的要求也越来越高。这就要求不同工厂之间能够做到网络协同，确保实时的信息传递与共享（图1-11）。

在全球化与互联网时代，协同不仅仅是组织内部的协作，还往往要涉及产业链上、下游组织之间的协作。一方面，通过网络协同，消费者与制造业企业共同进行产品设计与研发，满足个性化定制需求；另一方面，通过网络协同，配置原材料、资本、设备等生产资源，组织动态的生产制造，缩短产品研发周期，满足差异化市场需求。

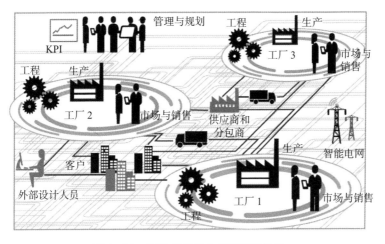

图1-11　工厂与工厂之间的网络协同

资料来源：《德国工业4.0最终报告》（作者改译）。

工业 4.0 中的横向集成代表生产系统的结合，这是一个全产业链的集成。在以往的工厂生产中，产品或零部件生产只是一个独立过程，之间没有任何联系，没有进一步的逻辑控制。外部的网络协同制造使得一个工厂根据自己的生产能力和生产档期，只生产某一个产品的一部分，外部的物流、外部工厂的生产、销售等整个的全产业链能够联系起来。这样一来，就实现了价值链上的横向产业融合。

全球化分工使得各项生产要素加速流动，市场趋势变化和产品个性化需求对工厂的生产响应时间和柔性化生产能力提出了更高的要求。工业 4.0 时代，生产智能化通过基于信息化的机械、知识、管理和技能等多种要素的有机结合，从着手生产制造之前，就按照交货期、生产数量、优先级、工厂现有资源（人员、设备、物料）的有限生产能力，自动制订出科学的生产计划。从而，提高生产效率，实现生产成本的大幅下降，同时实现产品多样性、缩短新产品开发周期，最终实现工厂运营的全面优化变革。

生产智能化实际上就是工业 4.0 时代的重要标志之一——在智能工厂，利用智能设备，将智能物料生产成智能产品，整个过程贯穿以网络协同。

第二章

为什么推进智能制造

制造业可以实时地在生产线运行、检测、运输、仓储等全过程源源不断产生数据流，为人工智能时代的计算提供大量的、相对规则的数据资料，助力机器学习进一步的算法优化，提高预测准确度。

第一节 制造强国的重大需求

制造业是国家的命脉。没有强大的制造业，一个国家将无法实现经济快速、健康、稳定的发展，劳动就业问题将日趋突显，人民生活难以普遍提高，国家稳定和安全将受到威胁，信息化、现代化将失去坚实基础。制造业对于一个国家现代化建设具有不可替代的重要地位和作用。

时至今日，中国是世界上最大的制造业大国。改革开放 40 年来，中国建立了门类齐全的现代工业体系，工业经济的实力迅速壮大并跃升为世界第一制造大国，也是世界上唯一有完整的制造业体系、产品和产业链的大国。世界银行统计数据显示，2017 年，中国制造业增加值为 3.59 万亿美元，占全世界的 28.57%，是美国和德国制造业增加值的总和，遥遥领先于世界其他国家，并在 2016 世界制造业竞争力指数排名中位居榜首。另外，制造业在中国产业结构中的地位至关重要。2017 年，美国 GDP 中第二产业仅占 19%，而同期中国第二产业占

GDP 的 41%，制造业增加值占 GDP 的 29%。相较于世界其他国家，中国制造业在国民经济中的地位和重要性都较高，也为人工智能提供了更大的发展空间。

尽管中国是世界第一制造业大国和"世界工厂"，但中国制造业仍然处于国际分工中价值链相对低端的位置，面临着生产率增速下降、技术学习难度加大、人口红利消失、制造业外移和国际环境的外部冲击的根本性挑战。随着中国经济发展逐渐步入工业化后期，需求拉动对制造业资源配置和效率提升的效应正不断弱化；从技术层面来看，中国传统产业中的高端生产装备和核心零部件技术长期受制于人，技术竞争力差距大；而新兴技术和产业领域全球竞争的制高点掌控不足；在全球产业结构调整中，中国制造业增长更多依赖于来自发达国家的制造业转移。在此背景下，在新一轮智能制造的竞争中把握好机遇，以人工智能技术的连接、融合功能引发传统制造业产业形态的平台化、网络化和深度服务化，对于中国制造业的转型升级和提升国际竞争力有着重要意义。

《中国制造 2025》的总体思路为，全面贯彻党的十八大和十八届二中、三中、四中全会精神，坚持走中国特色新型工业化道路，以促进制造业创新发展为主题，以提质增效为中心，以加快新一代信息技术与制造业深度融合为主线，以推进智能制造为主攻方向，以满足经济社会发展和国防建设对重大技术装备的需求为目标，强化工业基础能力，提高综合集成水平，完善多层次多类型人才培养体系，促进产业转型升级，培育有中国特色的制造文化，实现制造业由大变强的历史跨越。

1. 主线：加快新一代信息技术与制造业融合

工业和信息化部成立以来，一直致力于推进"两化融合"工作，通过信息化的融合与渗透，对传统制造业产生了重大影响。但是，随着新一轮工业革命的到来，云计算、大数据、物联网等新一代信息技术在未来制造业中的作用愈发重要。所以，需要在"两化融合"的基础上，以加快新一代信息技术与制造业融合为主线，实现《中国制造2025》的阶段性目标。

2. 主攻方向：推进智能制造

《中国制造2025》将智能制造作为主攻方向，推进制造过程智能化。在重点领域试点建设智能工厂／数字化车间，加快人机智能交互、工业机器人、智能物流管理、增材制造等技术和装备在生产过程中的应用，促进制造工艺的仿真优化、数字化控制、状态信息实时监测和自适应控制，加快产品全生命周期管理、客户关系管理、供应链管理系统的推广应用，促进集团管控、设计与制造、产供销一体、业务和财务衔接等关键环节集成，实现智能管控。

紧密围绕重点制造领域关键环节，开展新一代信息技术与制造装备融合的集成创新和工程应用。支持政产学研用联合攻关，开发智能产品和自主可控的智能装置并实现产业化。依托优势企业，紧扣关键工序智能化、关键岗位机器人替代、生产过程智能优化控制、供应链优化，建设重点领域智能工厂和数字化车间。在基础条件好、需求迫切的重点地区、行业和企业中，分类实施流程制造、离散制造、智能装备和产品、新业态新模式、智能化管理、智能化服务等试点示范及应用推广。建立智能制造标准体系和信息安全保障系统，搭建智能制造网络系统平台。

通过互通互联，云计算、大数据、人工智能这些新一代信息技术，与以前的信息化、自动化技术结合在一起，工厂内的生产设备和设备之间，工人与设备之间实现纵向集成，把整个工厂内部联结起来，形成信息物理系统，可以相互协同、遥相呼应，生产方式从资源驱动变成了信息驱动。信息驱动下产品制造的过程，体现出了智能制造的价值所在，即：能够智能的编排生产工序，提升生产率，实现个性化定制生产，还可以调整资源使用，采用最节约能耗的方式。

第二节　智能制造升级的必由之路

过去 30 多年是全球化发展最快的一段时期，发达国家通过产业转移将大量劳动密集型产业转移到劳动力成本和原材料成本相对较低的发展中国家。对于大量劳动密集型产业来说，劳动力成本和原材料成本是生产的重要管理要素。而劳动力成本和原材料成本的上涨也从客观上对未来制造业构成了极大的压力。再加上，受资源相对短缺、环境压力加大、产能加剧过剩等外界环境影响，传统的以能量转换工具为推动力的工业经济将难以维系。

当前，以智能制造为代表的新一轮产业变革迅猛发展，人工智能等新兴技术与工业不断融合，在客户需求的多样性、制造工艺的复杂性、生产现场的灵活性、产品质量的可靠性等方面面临更深刻的挑战，衍生出对智能化的迫切需求。

一、传统工业化的发展模式已经失去了竞争力

20 世纪以来，大规模生产模式在全球制造业领域占据统治地位，它曾经极大地促进了全球经济的飞速发展，使整个社会进入到一个全新阶段。但是，随着世界经济的日益发展，市场竞争的日趋激烈，消费者的消费观和价值观呈现出越来越多样化、个性化的特点，市场需求的不确定性越来越明显，大规模生产方式已无法适应这种瞬息万变的市场环境。

尤其是 20 世纪 70 年代后期，自动控制系统开始用于生产制造之

中。此后，许多工厂都在不断探索如何提高生产效率，如何提高生产质量及生产的灵活性。一些工厂从机械制造的角度提出了机电一体化、管控一体化。机电一体化实现了流水线工艺，按顺序操作，为大批量生产提供了技术保障，提高了生产效率；管控一体化基于中央控制能够实现集中管理，一定程度上节约了生产制造的成本，提高了生产质量。但是，两者都无法解决生产制造的灵活性问题。

其实，英国早在20世纪60年代就提出了柔性制造系统 (flexible manufacture system，FMS) 概念。柔性制造系统主要是指按成本效益原则，以自动化技术为基础，以敏捷的方式适应产品品种变化的加工制造系统。据资料显示，柔性制造系统用计算机控制，由若干半独立的工作站和一个物料传输系统组成，以可组合的加工模块化和分布式制造单元为基础，通过柔性化的加工、运输和仓储，高效率地制造多品种小批量的产品，并能在同一时间用于不同的生产任务。这种分布式、单元化自律管理的制造系统，每个单元都有一定的决策自主权，有自身的指挥系统进行计划调度和物料管理，形成局部闭环，可适应生产品种频繁变换的需求，使设备和整个生产线具有相当的灵活性。柔性制造系统是一种以信息为主与批量无关的可重构的先进制造系统，实现了加工系统从刚性化向柔性化的过渡。

而如今，随着信息技术、计算机和通信技术的飞跃发展，人们对产品需求的变化，使得灵活性进一步成为生产制造领域面临的最大挑战。具体而言，由于技术的迅猛发展，产品更新换代频繁，产品的生命周期越来越短。对于制造业企业来说，既要考虑产品更新换代带来的快速响应能力，又要考虑因生命周期缩短而减少产品批量的问题。随之而来的，是成本提升和价格压力问题。

新的制造业发展模式需要化生产灵活性的挑战为机遇，需要利用自动化技术通过与迅速发展的互联网、物联网等信息技术相融合来解决柔性化生产问题。既要满足个性化、定制化需要，又要获得大规模生产的成本低、效率高、交货快的优势。

过去的制造业只是一个环节，上下游之间的合作一直都是以固定且简单的链条为主。随着互联网进一步向制造业环节渗透，网络协同制造已经开始出现。制造业的模式将随之发生巨大变化，它会打破传统工业生产的生命周期，从原材料的采购开始，到产品的设计、研发、生产制造、市场营销、售后服务等，各个环节构成了闭环，彻底改变制造业以往仅是一个环节的生产模式，通过智能配置，将运输、原料、设备、生产、销售等所有环节并联，形成一个价值环。从而，解决制造业不可能三角——既能缩短工期、降低成本、又能满足定制（图 2-1）。

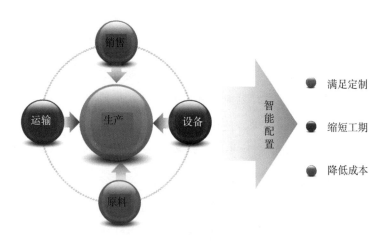

图 2-1　生产资源的智能配置

新一轮工业革命的背后是智能制造，是向效率更高、更精细化的未来制造发展。信息技术使得制造业从数字化走向了网络化、智能化的同时，传统工业领域的界限也越来越模糊，工业和非工业也将渐渐地难以区分。制造环节关注的重点不再是制造的过程本身，而将是用户个性化需求、产品设计方法、资源整合渠道及网络协同生产。所以，一些信息技术企业、电信运营商、互联网公司将与传统制造业企业紧密衔接，而且很有可能它们将成为传统制造业企业的，乃至工业行业的领导者。

自动化只是单纯的控制，智能化则是在控制的基础上，通过物联网传感器采集海量生产数据，通过互联网汇集到云计算数据中心，然后通过信息管理系统对大数据进行分析、挖掘，从而制定出正确的决策。这些决策附加给自动化设备的是"智能"，从而提高生产灵活性和资源利用率，增强顾客与商业合作伙伴之间的紧密关联度，并提升工业生产的商业价值。

未来，在网络协同制造的闭环中，用户、设计师、供应商、分销商等角色都会发生改变。与之相伴而生的是，传统价值链也将不可避免地出现破碎与重构。

二、制造业智能化升级需求是智能制造发展的根本驱动

制造业升级的最终目的，是从数字化、网络化最终实现智能化。当前，制造业正处在由数字化、网络化向智能化发展的重要阶段，核心是基于海量工业数据的全面感知和端到端的数据深度集成与建模分析，实现智能化决策与控制指令。智能制造强化了制造业企业的数据洞察能力，实现了智能化管理和控制，是企业转型升级的有效手段。

人工智能技术体系逐步完善，推动智能制造快速发展。一方面是支撑技术实现纵向升级，为智能制造的落地应用奠定基础。算法、算力和数据的爆发推动人工智能技术不断迈向更高层次，使采用多种路径解决复杂工业问题成为可能。传感技术的发展、传感器产品的规模化应用及采集过程自动化水平的不断提升，推动海量工业数据快速积累。工业网络技术发展保证了数据传输的高效性、实时性与可靠性。

云计算服务为数据管理和计算能力外包提供途径。另一方面是人工智能技术实现横向融合，为面向各类应用场景形成智能化解决方案奠定了基础。人工智能具有显著的溢出效应，泛在化人工智能产业体系正在快速成型，工业是其涵盖的重点领域之一。

第三节　企业提升竞争力的最佳选择

众所周知，企业提升竞争力的关键在于两个方面。

一是提质增效。利用云计算、人工智能、物联网、大数据、机器人、5G 和 VR/AR，将产品、设备、整条生产线和工厂基础设施以数字化的方式呈现，形成所谓的"数字孪生"，能够提升开发流程的效率，改善质量，有助于利益相关方之间的信息共享，能够在实际启动前模拟测试新的生产流程并进行优化，能与合作伙伴共同使用数据和信息，从而更好地为优化自己的流程进行智能匹配。

二是提高附加值。利用云计算、人工智能、物联网、大数据、机器人、5G 和 VR/AR，来拓展用户、扩大应用、增进品牌、细化功能、提升满意度，实现价值可视化、质量可视化，提升独创性（图 2-2）。

人工智能可以从生产、产品、服务和质量 4 个维度帮助制造业企业实现转型升级。

1. 生产方面

人工智能提升设备的生产能力。早期的人工智能是根据专家的经验或知识优化生产流程，而新一代人工智能从数据中自行归纳最优方案，实现深度学习（图 2-3）。将新一代人工智能技术嵌入生产过程，就能够提升生产设备的智能化水平，通过深度学习自主判断最佳参数，从而实现完全机器自主的生产和复杂情况下的自主生产，全面提升生产效率。

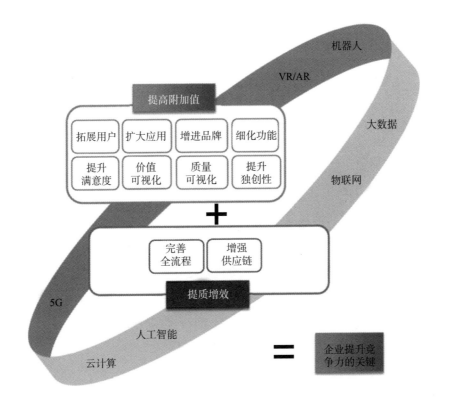

图 2-2 企业提升竞争力的关键

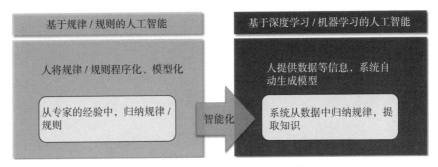

图 2-3 早期人工智能与新一代人工智能的比较

2. 产品方面

人工智能赋能硬件的智能升级。通过内置移动操作系统或更新程序，将人工智能算法嵌入产品中，如智能家居产品、智能网联汽车、智能服务机器人产品等，从而帮助制造业企业生产全新的智能化产品。

3. 服务方面

人工智能提升企业的智能化水平。通过人工智能分析用户画像，判断重点需求，帮助制造业企业进行精准的市场预测和优化营销能力；以物联网、大数据和人工智能算法，对产品进行实时监测和远程管理，提升售后服务水平。

4. 质量方面

人工智能重构质量管理体系。基于人工智能技术，通过对海量缺陷图片的建模分析总结，开发出具备自主学习能力的自主检测新模型，实现无间断、高精准的缺陷自主检查判定功能，突破产品缺陷必须由工人检查判定这一问题根源。通过人工智能代替人眼检查的新模式，彻底解决工人检查低效、错漏不断的问题，达成降低人力成本、提升产品品质、提高企业利润的目标。

第三章

如何做好智能制造

　　智能制造是降低人力成本、提升产品质量的重要手段，将贯穿产业升级的整个过程，也是生产技术发展的长期方向。智能制造应该是在核心支撑软件、智能制造云服务平台、智能制造使能工具与系统等新一代信息通信技术与智能制造关键技术装备的深度融合基础上，按照智能制造标准体系，实现流程／离散智能制造、远程诊断与运维服务，基于制造全生命周期活动的智能化，研发生产智能产品及智能互联产品，利用工业互联网和网络化协同制造盘活社会制造资源，优化配置，解决产业结构不合理、能源与资源环境相互制约、制造物流成本居高不下等现实问题（图 3-1）。

图 3-1　智能制造的技术要点

第一节　智能制造关键技术装备

　　近几年来，随着新一代信息技术和制造业的深度融合，中国智能制造发展取得明显成效，以高档数控机床、工业机器人、智能仪器仪表为代表的关键技术装备取得积极进展。但是，相对于发达国家而言，中国智能制造关键技术装备起步晚，任务重，要想实现智能化，还有很大的进步空间。

一、高档数控机床

　　众所周知，数控机床和基础制造装备是装备制造业的"工作母机"，一个国家的机床行业技术水平和产品质量，是衡量其装备制造业发展水平的重要标志。唯有拥有坚实的基础制造能力，才有可能生产出先进的装备产品。许多高端产品中的关键零部件的材料、结构、加工工艺都有一定的特殊性和加工难度，用普通加工设备和传统加工工艺无法达到要求，必须采用多轴联动、高速、高精度的数控机床才能满足加工要求。在新技术革命浪潮的推动下，机床行业集成创新趋势明显，世界领先企业加快推进新技术向机床行业融合，网络化技术和智能化技术加快向机床行业集成应用，越来越多的国际著名机床零部件企业和整机企业正加快推进新技术在数控机床的集成应用。而我们国内机床产品在加工精度、可靠性、效率、自动化、智能化和环保等方面还存在一定差距，进而导致产业整体竞争力不强。

　　为此，《中国制造2025》将数控机床和基础制造装备列为"加快突破的战略必争领域"，其中提出要加强前瞻部署和关键技术突破，积极谋划抢占未来科技和产业竞争的制高点。按照《中国制造2025》的部署，鼓励开发一批精密、高速、高效、柔性数控机床与基础制造装备及集成制造系统。加快高档数控机床、增材制造等前沿技术和装备的研发。以提升可靠性、精度保持性为重点，开发高档数控系统、伺服电机、轴承、光栅等主要功能部件及关键应用软件，加快实现产业化，加强用户工艺验证能力建设。

这就要求关键制造装备采用人工智能技术，通过嵌入计算机视听觉、生物特征识别、复杂环境识别、智能语音处理、自然语言理解、智能决策控制及新型人机交互等技术，实现制造装备的自感知、自学习、自适应、自控制。具体而言，包括：优化智能传感器与分散式控制系统（DCS）、可编程逻辑控制器（PLC）、数据采集系统（SCADA）、高性能高可靠嵌入式控制系统等控制装备在复杂工作环境的感知、认知和控制能力，提高数字化非接触精密测量、在线无损检测系统等智能检测装备的测量精度和效率，增强装配设备的柔性，提升高档数控机床与工业机器人的自检测、自校正、自适应、自组织能力和智能化水平，提高加工精度和产品质量。

按照工业和信息化部制定的目标，到 2020 年，高档数控机床智能化水平进一步提升，具备人机协调、自然交互、自主学习功能的新一代工业机器人实现批量生产及应用；增材制造装备成形效率大于 450 cm³/h，连续工作时间大于 240 h；实现智能传感与控制装备在机床、机器人、石油化工、轨道交通等领域的集成应用；智能检测与装配装备的工业现场视觉识别准确率达到 90%，测量精度及速度满足实际生产需求；开发 10 个以上智能物流与仓储装备。

二、工业机器人

工业机器人首先是在汽车制造业的流水线生产中开始大规模应用，随后，诸如日本、德国、美国这样的制造业发达国家开始在其他工业生产中也大量采用机器人作业。进入 21 世纪以来，随着劳动力成本的不断提高，工业机器人技术的不断进步，各国陆续进行制造业的转型与升级，出现了机器人替代工人的热潮。

工业机器人方面，按照《中国制造2025》的部署，主要是围绕汽车、机械、电子、危险品制造、国防军工、化工、轻工等工业机器人、特种机器人，以及医疗健康、家庭服务、教育娱乐等服务机器人应用需求，积极研发新产品，促进机器人标准化、模块化发展，扩大市场应用。突破机器人本体、减速器、伺服电机、控制器、传感器与驱动器等关键零部件及系统集成设计制造等技术瓶颈。

（一）工业机器人需求的驱动因素

众所周知，使用工业机器人生产具有很多比较优势。除了降低成本，使用机器人进行工业生产还具有显著提高生产效率、提升产品质量和一致性、增强生产柔性、降低投资成本、节省生产空间、满足安全生产法规等一系列优势。

工业机器人的优势主要体现在以下几个方面。

①工业机器人在工业生产中能代替人做某些单调、频繁和重复的长时间作业，消除枯燥无味的工作，降低工人的劳动强度。

②工业机器人可以广泛用于危险、恶劣环境下的作业，如在冲压、压力铸造、热处理、焊接、涂装、塑料制品成形、机械加工和简单装配等工序上。

③工业机器人能够从事特殊环境下的劳动，完成对人体有害物料的搬运或工艺操作，增强工作场所的健康安全性，减少劳资纠纷。

④工业机器人能够提高自动化程度，减少工艺过程中停顿的时间，从而提升生产的效率。

⑤工业机器人能够提高对零部件的处理能力，保证产品质量，提高成品率，从而提升产品的质量，是企业补充和替代劳动力的有效方案。

⑥工业机器人能够提高自动化生产效率，便于调整生产能力，实

现柔性制造。

综合来看，工业机器人在智能制造中的应用主要有三大必要性。

1. 基本需求

机器人对于高强度、重复性、恶劣环境等工作岗位具有更好的适应性，也是填补劳动力不足的最佳选择。目前，工业机器人能替代人类从事分拣、搬运、上下料、焊接、机械加工、装配、检测、码垛等制造业中绝大部分工作作业。而且，制造业劳动力成本的持续上升和机器人价格的下降增强了机器人工业应用的性价比。以中国为例，当前已经面临着劳动力不足的严峻形势，农村富余劳动力逐渐减少，劳动力过剩向短缺转折的"刘易斯拐点"即将到来。与此同时，人口结构呈现老龄化趋势，下降多年的抚养比（15～64岁年龄之外的非工作人口占比）即将在降到低点后开始上升，随之而来的将是"人口红利"的逐渐消失。随着"刘易斯拐点"和"人口红利"的消失的逼近，制造业劳动力成本的快速上升已大大挤压中小企业原本微薄的利润空间，从基本需求上推动着工业机器人的加速发展。

2. 发展所需

制造业转型升级对产品质量和生产效率提升的需求也在推动工业机器人需求的加速发展。中国制造业企业大多属于加工贸易型企业，产品附加值低，人力成本大幅上升压缩了加工企业的盈利空间，成本倒逼制造商向自动化高效生产模式转型。采用工业机器人进行生产更加标准化，更具稳定性，对生产效率和产品品质都更有保障。随着技术的进步，工业机器人的功能也越来越强大，自由度、精度、作业范围、承载能力等传统的衡量工业机器人水平的各项技术指标都有了显著地提升。2000年之前，6轴机器人还是高端工业机器人的代名词，而目前，6轴工业机器人已经非常普及，很多高端机器人的轴数都在6轴以上，更多的自由度让机器人的灵活度得到了显著提升，不再局限于之前的简单重复劳动。例如，爱普生 (Epson) 公司利用机械手进行手表零部件装配，说明机器人既能从事简单的制造业作业，又能从事复杂精密的作业。

此外，随着机器人核心零部件——精密减速器的发展，使得工业机器人的精度较 10 年前大大进步，在作业范围、最大工作速度和承载能力方面也有了显著的提高。

因此，从实际技术水平来看，工业机器人完全能替代工人从事大多数重复性作业，将人类从繁重的体力劳动工作中解放出来，具有特定的作业优势。

3. 大势所趋

2013 年 4 月，德国政府推出工业 4.0，其中将生产制造领域的工业机器人定义为未来智能制造的主力军；2015 年 1 月，机器人大国——日本推出了《机器人新战略》，旨在应对工业 4.0，迎接新一轮工业革命。种种迹象显示，工业机器人在制造业领域的应用将是大势所趋。制造业是机器人的主要应用领域。目前，在汽车产业、电子制造产业的大规模量产技术中，大量采用着各种机器人，而未来的制造业各个行业也将大规模采用机器人（图 3-2）。

（二）工业机器人应用场景

工业机器人是一个生产设备，机器人的优势就是提升生产效率，降低生产成本，保障产品质量。所以，工业机器人广泛应用于各种场景之中。从常用的机器人系列和市场占有量来看，焊接、喷漆、装配、搬运、自动导引车 (automatic guided vehicle, AGV)、检测检验机器人是主要的机器人品种。

1. 焊接机器人

焊接过程主要是由放电产生热量，利用熔化的焊条连接钢板。放

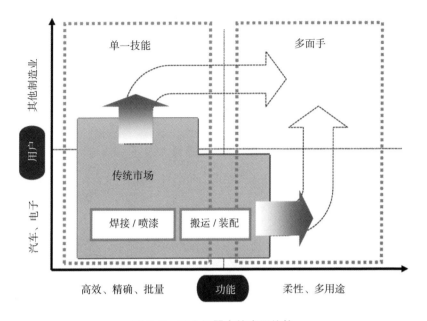

图 3-2　工业机器人的应用趋势

资料来源：日本瑞穗银行产业调研部（作者改译）。

电过程会产生紫外线和有毒气体。焊接工人一般都是手持挡板来进行焊接工作，尽管如此，仍然会带来或多或少的人身伤害。工业机器人在焊接领域应用较早，有效地将焊接工人从恶劣环境中解放出来。

目前，随着各种功能的开发，焊接机器人完全可以替代熟练的焊接工人。在 3 台机器人协调实施焊接系统之中，由中央机器人进行焊接，两侧机器人调整焊接对象的工作角度，配合中央机器人便捷地完成焊接作业。

2. 喷漆机器人

喷漆机器人是可进行自动喷漆或喷涂其他涂料的工业机器人。喷漆机器人一般作为喷涂生产线的单元设备集成在系统制造中，主要用于汽车车身喷涂生产线。

3. 装配机器人

以往，大多的装配用途主要集中在电子信息制造业，主要用于在印刷电路板上装配电子零部件。近年来，随着工业机器人作业精度的提升，一些必须依赖手工操作的复杂装配作业也开始逐步用工业机器人来代替了。

例如：双臂装配机器人左手把控螺丝，右手手持电动螺丝刀将螺丝拧紧，完全和工人的作业方式相同，未来有望在各种装配作业中普及。双臂装配机器人可以从事传统机器人无法做到的事，如精细的装配等。

4. 搬运机器人

搬运机器人是可以进行自动化搬运作业的工业机器人。搬运机器人可安装不同的末端执行器以完成各种不同形状和状态的工件搬运工作，大幅减轻了工人繁重的体力劳动，被广泛应用于机床上下料、冲压机自动化生产线、自动装配流水线、码垛搬运、集装箱等的自动搬运工作。

5. AGV 机器人

AGV 是在车间内自动搬运物品，实现物流功能的一种工业机器人。搬运型 AGV 广泛应用于机械、电子、纺织、造纸、卷烟、食品等行业。主要特点在于：AGV 是移动的输送机，不固定占用地面空间；灵活性高，改变运行路径比较容易；系统可靠性较高，即使一台 AGV 出现故障，整个系统仍可正常运行；AGV 系统可通过 TCP/IP 协议与管理系统相连，是公认的建设无人化车间、自动化仓库，实现物流自动化的最佳选择。例如，在汽车生产线应用 AGV，可实现发动机、后桥、油箱等部件的动态自动化装配；在大尺寸液晶面板生产线应用 AGV，可实现自动化装配，能够提高生产效率。

6. 检测检验机器人

消费品工业领域也将是工业机器人的一大应用市场。例如，制药行业的药品检测分析处理机器人能够替代测试员做药品测试和监测分析。采用机器人进行检测检验，要比熟练的测试员还要精确，采集数据样本的精度较高，能够取得更好的实验效果。同时，在一些病毒样本检测的危险作业环境中，能够有效替代测试员。

案例 1 宝马汽车 机器人"接管工厂"

机器人这一工业革命时代"标志性硬件"的普及，使工人得到了极大的解放。数据显示，在德国，平均每 1 万名工人就拥有 273 台机器人。

德国汽车制造业生产设备的先进程度和智能程度远远超乎我们的想象。整个车间只有寥寥数名工人，一条条生产线旁，大量机器人有规律地忙碌着，恍如未来工厂。生产流程都被切分为许多非常细小的片段，每个片段都按照计算机程序的设定，严格遵循既定的顺序加工，片段之间用高精度的自动化传动机制联系起来，实现了柔性化生产，缩短了生产周期。

实际上，机器人正在大规模接管位于沈阳的宝马铁西工厂。据资料显示，目前，该工厂的车身车间就已经有 642 台机器人，每个机器人有自己明确的工作职责，它们很专业，在不同的生产线上忙碌着。从楼上望下去，整个车间几乎看不到工人。

据说，德国制造有一个根深蒂固的观念：工人总是无法避免出错。为此，他们想到把每个工序都分解成机器能执行的细小任务，让永不出错的机器人来完成。也就是说，未来工厂将完全由机器自己生产，而人的作用只是做程序设计，下达生产指令，维持生产线的高效可靠运转。

案例 2　库卡机器人　让机器人生产机器人

在工业 4.0 带动之下，工业机器人将推动生产制造向灵活化和个性化方向转型，灵活的全自动化生产要求机器人完全集成到生产流程中。这为德国最大的机器人公司——库卡带来了重要的发展机遇。库卡是全球汽车工业中工业机器人制造领域龙头之一，纯工业机器人公司，目前的年产量超过 1.5 万台，至今已在全球安装了超过 15 万台工业机器人。

在一定程度上，库卡代表了德国机器人的最高水准，也是德国总理默克尔向外界推介的工业 4.0 案例。

库卡公司的产品是机器人，而本身的生产线上也都是机器人在执行生产，所以就诞生了由机器人生产机器人的现象。库卡工作人员介绍说，库卡生产的工业机器人，它们自己就是第一个客户。凭借先进的机器人制造技术，库卡已经实现了高度生产自动化，整个工厂随处可见挥舞巨大手臂的机器人，却少见人类存在。

三、智能仪器仪表

智能仪器仪表包括：数字化非接触精密测量、在线无损检测系统装备；可视化柔性装配装备；激光跟踪测量、柔性可重构工装的对接与装配装备；智能化高效率强度及疲劳寿命测试与分析装备；产品全生命周期健康检测诊断装备；基于大数据的在线故障诊断与分析装备。

近年来，随着微电子技术的不断发展，集成了 CPU、存储器、定时器 / 计数器、并行和串行接口、看门狗、前置放大器，甚至 A/D、D/A 转换器等电路在一块芯片上的超大规模集成电路芯片（即单片机）。以单片机为主体，将计算机技术与测量控制技术结合在一起，又组成了所谓的"智能化测量控制系统"，也就是智能仪器仪表。

与传统仪器仪表相比，智能仪器仪表具有以下功能特点。

①操作自动化。仪器的整个测量过程如键盘扫描、量程选择、开关启动闭合、数据的采集、传输与处理及显示打印等都用单片机或微控制器来控制操作，实现测量过程的全部自动化。

②具有自测功能，包括自动调零、自动故障与状态检验、自动校准、自诊断及量程自动转换等。智能仪器仪表能自动检测出故障的部位甚至故障的原因。这种自测试可以在仪器启动时运行，同时也可以在仪器工作中运行，极大地方便了仪器的维护。

③具有数据处理功能，这是智能仪器仪表的主要优点之一。智能仪器仪表由于采用了单片机或微控制器，使得许多原来用硬件逻辑难以解决或根本无法解决的问题，现在可以用软件非常灵活地加以解决。例如，传统的数字万用表只能测量电阻、交直流电压、电流等，而智能型的数字万用表不仅能进行上述测量，而且还具有对测量结果进行零点平移、取平均值、求极值、统计分析等复杂的数据处理功能，不仅使用户从繁重的数据处理中解放出来，也有效地提高了仪器的测量精度。

④具有友好的人机对话能力。智能仪器仪表使用键盘代替传统仪器中的切换开关，操作人员只需通过键盘输入命令，就能实现某种测量功能。与此同时，智能仪器仪表还通过显示屏将仪器的运行情况、工作状态及对测量数据的处理结果及时告诉操作人员，使仪器的操作更加方便直观。

⑤具有可编程控操作能力。一般智能仪器仪表都配有GPIB、RS232C、RS485等标准的通信接口，可以很方便地与PC机和其他仪器一起组成用户所需的多种功能的自动测量系统，来完成更复杂的测试任务。

　　智能仪器仪表的进一步发展将含有一定的人工智能，即代替人的一部分脑力劳动，从而在视觉（图形及色彩辨读）、听觉（语音识别及语言领悟）、思维（推理、判断、学习与联想）等方面具有一定的能力。这样，智能仪器仪表可无须人的干预而自主地完成检测或控制功能。显然，人工智能在现代仪器仪表中的应用，使我们不仅可以解决用传统方法很难解决的一类问题，而且有望解决用传统方法根本不能解决的问题。

　　智能仪器仪表被认为是发现数据的"眼睛"、执行操作的"手脚"，在工业控制中起着不可替代的作用，对智能制造具有非常重要的意义。与国外相比，中国仪器仪表智能化程度显然不够高，大部分还需要人工进行操作。要想获得更高的效率，降低劳动强度，就必须进一步借助新一代人工智能技术，提升仪器仪表智能化程度，提高精准度和效率。

第二节　核心支撑软件

　　几十年来，随着各种产品的丰富，制造业生产结构也变得更复杂、更精细。生产线和生产设备内部的信息流量，以及管理工作的信息量剧增，自动化系统在信息处理能力、效率和规模上都已经难以满足制造业的需求。软件的应用在一定程度上解决了这一难题。

　　当今，软件支撑了绝大部分的生产制造过程。全球正在出现以信息网络、智能制造为代表的新一轮技术创新浪潮。而变革的核心也是软件的应用。当新的形态开始进入制造业领域时，一个全新的挑战也随之开始，那就是让制造业由机械化、电气化、数字化，转向网络化和智能制造。

　　德国的工业4.0战略中的智能制造处处与软件相关联。工业4.0本质是基于"信息物理系统"实现"智能工厂"。在生产设备层面，通过嵌入不同的传感器进行实时感知，通过宽带网络、数据对整个过程进行精确控制；在生产管理层面，通过互联网技术、云计算、大数据、宽带网络、工业软件、管理软件等一系列技术构成服务互联网，实现物理设备的信息感知、网络通信、精确控制和远程协作。

工业 4.0 时代，每一个产品将承载其整个供应链和生命周期中所需的各种信息，实现追踪溯源。每一个生产设备将由整个生产价值链所继承，实现自律组织生产。智能工厂灵活决定生产过程，不同的生产设备既能够协作生产，又可以各自快速地对外部变化做出反应。归根到底，这些都是软件应用的结果。

所以说，工业 4.0 的关键技术是软件技术。软件技术在装备、管理、交易等环节的应用不断深化，推动柔性化生产、智能制造和服务型制造日益成为生产方式变革的重要方向。软件技术的广泛应用，使得集成了生产经验、成熟工艺、科学方法的自动生产线加快普及，一方面大幅提高了生产效率；另一方面极大地促进了生产过程的无缝衔接和企业间的协同制造。

可以说，软件在工业 4.0 中被提到一个前所未有的高度。智能制造核心支撑软件主要包括以下 6 类。

①设计、工艺仿真软件。包括计算机辅助类（CAX）软件、基于数据驱动的三维设计与建模软件、数值分析与可视化仿真软件、模块化设计工具及专用知识、模型、零件、工艺和标准数据库等。

②工业控制软件。包括高安全、高可信的嵌入式实时工业操作系统，智能测控装置及核心智能制造装备嵌入式组态软件。

③业务管理软件。包括制造执行系统（MES）、企业资源计划软件（ERP）、供应链管理软件（SCM）、产品全生命周期管理软件（PLM）、商业智能软件（BI）等。

④数据管理软件。包括嵌入式数据库系统与实时数据智能处理系

统、数据挖掘分析平台、基于大数据的智能管理服务平台等。

⑤系统解决方案。包括生产制造过程智能管理与决策集成化管理平台、跨企业集成化协同制造平台，以及面向工业软件、工业大数据、工业互联网、工控安全系统、智能机器、智能云服务平台等集成应用的行业系统解决方案，装备智能健康状态管理与服务支持平台。

⑥测试验证平台。包括设计、仿真、控制、管理类工业软件稳定性、可靠性测试验证平台，重点行业 CPS 关键技术、设备、网络、应用环境的兼容适配、互联互通、互操作测试验证平台。

加快研发智能制造核心支撑软件，除了突破计算机辅助类（CAX）软件、基于数据驱动的三维设计与建模软件、数值分析与可视化仿真软件等设计、工艺仿真软件，高安全高可信的嵌入式实时工业操作系统、嵌入式组态软件等工业控制软件，制造执行系统（MES）、企业资源计划软件（ERP）、供应链管理软件（SCM）等业务计划软件，嵌入式数据库系统与实时数据智能处理系统等数据管理软件，还需要在工业企业上云的趋势下，一部分新型 MES/ERP 软件以公有云 SaaS 或者 PaaS 的方式部署，并增加在手机端的"工业 APP"呈现，还要互联互通。工厂生产经营过程中，很多环节都需要数据。过去工厂缺少很多一线生产环节数据，或信息传递较原始，效率很低，而且 ERP、CRM、MES 等各种信息系统互相独立，存在很多数据孤岛。未来的智能制造核心支撑软件对工厂的数据进行整合打通，并在此基础上提供更高效的信息传递、生产管理和协同。我们说大数据是从数据到建模，而仿真是从模型到数据。

传统仿真通常要先做一个模型，然后再做模拟仿真。建模过程往往非常复杂，并不容易，需要跟企业的实际需求相符，需要专业人员做大量的研发工作。而现在的仿真模型可以基于人工智能技术来做。从效果展现来看，如果用上 VR/AR 技术，仿真就会更加直观。例如，吉利汽车此前在研发阶段需要经过多次的汽车碰撞实验，模拟仿真所需时间很长。而现在通过人工智能技术，可以大幅缩短仿真周期，碰撞的车辆损耗也可以随之减少。

第三节　工业互联网

随着新一代信息技术与制造业的深度融合，许多国家、企业都意识到协同制造联网是代表"互联网＋"先进制造业融合创新大方向的顶级生态系统，将对未来工业发展产生全方位、深层次、革命性的影响。未来的工业互联网平台通过系统构建网络、平台、安全三大功能体系，打造人、机、物全面互联的新型网络基础设施，既包括生产设备、生产材料、生产产品等硬件领域，也包括各种管理软件、数据和服务领域，通过新一代信息技术与制造业深度融合，将形成智能化发展的新兴业态和应用模式。

因此，加快建设和发展工业互联网，推动互联网、大数据、人工智能和实体经济深度融合，发展先进制造业，支持传统产业优化升级，具有重要意义。一方面，工业互联网是以数字化、网络化、智能化为主要特征的新工业革命的关键基础设施，加快其发展有利于加速智能制造发展，更大范围、更高效率、更加精准地优化生产和服务资源配置，促进传统产业转型升级，催生新技术、新业态、新模式，为制造强国建设提供新动能。工业互联网还具有较强的渗透性，可从制造业扩展成为各产业领域网络化、智能化升级必不可少的基础设施，实现产业上下游、跨领域的广泛互联互通，打破"信息孤岛"，促进集成共享，并为保障和改善民生提供重要依托。另一方面，发展工业互联网，有利于促进网络基础设施演进升级，推动网络应用从虚拟到实体、从生活到生产的跨越，极大拓展网络经济空间，为推进网络强国建设提供新机遇。

一、美国版工业互联网

GE 推出的 Predix 云平台相当于一个工业操作系统，其中有很多模块可以由各个企业根据其行业背景，构建适用于自己的解决方案。Predix 主要有 3 层架构，是面向工业领域的第一个基于工业大数据的云平台，底部是基础设施即服务（Infrastructure as a Service，IaaS）层，中间是平台即服务（Platform as a Service，PaaS）层，最上端是软件即服务（Software as a Service，SaaS）层（图 3-3）。

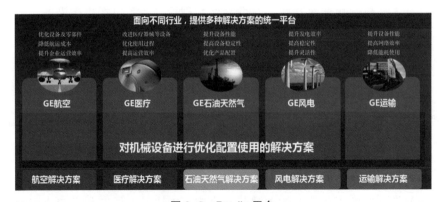

图 3-3 Predix 平台

资料来源：GE 公司（作者改译）。

Predix 利用这 3 层云计算架构，将各种工业设备或机器及供应商等相互联结，提供资产性能管理（APM）和运营优化服务，每天监控和分析来自数万亿设备资产上的千万个传感器所发回的 5000 万条大数据，帮助客户优化资源配置和业务流程，减少风险和实现 100% 无故障运行。

平台定位为"工业操作系统"，既要对设备、软件、用户、开发者、数据等不同要素实现管理与服务能力，同时还要考虑平台的基础技术和开放接口。其中，平台资源管理和应用服务，重点包括设备接入、软件部署、用户和开发者管理、数据管理、存储计算服务、应用开发服务、平台间调用服务、安全防护服务和新技术服务共 9 个子项；平台基础技术和投入产出能力，涵盖了平台架构设计、关键技术、研发投入、产出效益、应用效果和质量审计共 6 方面内容。

　　GE 将这个平台开放给所有工业合作伙伴，期望未来形成一个巨大的、完善的生态系统，由各个企业积极开发具有行业辐射效果的应用软件（APP），并在此平台上发布共享、互相借鉴、互惠互利（图 3-4）。

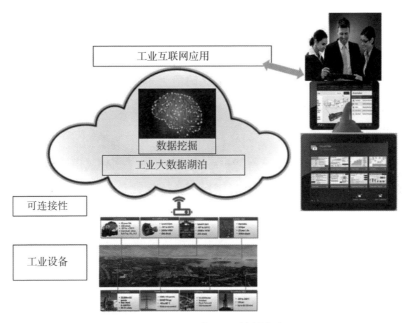

图 3-4　工业 APP 的新业态

　　制造能力的平台化，通过将数据化的制造资源在平台上进行模块化部署，进而实现制造能力在线交易。人与机器的融合创新，通过大数据、人工智能加快工业知识的沉淀，所以说工业 APP 就是工业知识的沉淀和固化。手机上的 APP 也是一种知识的固化，不管你用什么

APP，微信还是支付宝等。工业也一样，有很多 APP，不管是什么行业都有一定的知识沉淀和固化。

二、中国版工业互联网

当前，互联网创新发展与新工业革命正处于历史交汇期。发达国家抢抓新一轮工业革命机遇，围绕核心标准、技术、平台加速布局工业互联网，构建数字驱动的工业新生态。各国参与工业互联网发展，竞争日趋激烈。

与发达国家相比，中国总体发展水平及现实基础仍然不高，产业支撑能力不足，核心技术和高端产品对外依存度较高，关键平台综合能力不强，标准体系不完善，企业数字化、网络化水平有待提升，缺乏龙头企业引领，人才支撑和安全保障能力不足，与建设制造强国和网络强国的需要仍有较大差距。

为此，2017 年 11 月 27 日，国务院发布的《关于深化"互联网＋先进制造业"发展工业互联网的指导意见》（以下简称《指导意见》）指出，工业互联网是推进制造强国和网络强国建设的重要基础，是全面建成小康社会和建设社会主义现代化强国的有力支撑。并提出，立足国情，面向未来，打造与中国经济发展相适应的工业互联网生态体系，使中国工业互联网发展水平走在国际前列，争取实现并跑乃至于领跑。

到 2025 年，基本形成具备国际竞争力的基础设施和产业体系。覆盖各地区、各行业的工业互联网网络基础设施基本建成。工业互联网标识解析体系不断健全并规模化推广。形成 3 ～ 5 个达到国际水准的工业互联网平台。产业体系较为健全，掌握关键核心技术，供给能力显著增强，形成一批具有国际竞争力的龙头企业。基本建立起较为完备可靠的工业互联网安全保障体系。新技术、新模式、新业态大规模推广应用，推动"两化融合"迈上新台阶。

其中，在 2018—2020 年 3 年起步阶段，初步建成低时延、高可靠、广覆盖的工业互联网网络基础设施，初步构建工业互联网标识解析体系，初步形成各有侧重、协同集聚发展的工业互联网平台体系，初步建立工业互联网安全保障体系。

到 2035 年，建成国际领先的工业互联网网络基础设施和平台，形成国际先进的技术与产业体系，工业互联网全面深度应用并在优势行业形成创新引领能力，安全保障能力全面提升，重点领域实现国际领先。

到 21 世纪中叶，工业互联网网络基础设施全面支撑经济社会发展，工业互联网创新发展能力、技术产业体系及融合应用等全面达到国际先进水平，综合实力进入世界前列。

中国工业互联网战略的主要任务共有 7 项。

（一）夯实网络基础

推动网络改造升级，提速降费。面向企业低时延、高可靠、广覆盖的网络需求，大力推动工业企业内外网建设。加快推进宽带网络基础设施建设与改造，扩大网络覆盖范围，优化升级国家骨干网络。推进工业企业内网的 IP（互联网协议）化、扁平化、柔性化技术改造和建设部署。推动新型智能网关应用，全面部署 IPv6（互联网协议第 6 版）。继续推进连接中小企业的专线建设。在完成 2017 年政府工作报告确定的网络提速降费的任务基础上，进一步提升网络速率、降低资费水平，特别是大幅降低中小企业互联网专线接入资费水平。加强资源开放，支持大中小企业融通发展。加大无线电频谱等关键资源保障力度。

推进标识解析体系建设。加强工业互联网标识解析体系顶层设计，制定整体架构，明确发展目标、路线图和时间表。设立国家工业互联网标识解析管理机构，构建标识解析服务体系，支持各级标识解析节点和公共递归解析节点建设，利用标识实现全球供应链系统和企业生产系统间精准对接，以及跨企业、跨地区、跨行业的产品全生命周期管理，促进信息资源集成共享。

组织实施工业互联网工业企业内网、工业企业外网和标识解析体系的建设升级。支持工业企业以IPv6、工业无源光网络（PON）、工业无线等技术改造工业企业内网，以IPv6、软件定义网络（SDN）及新型蜂窝移动通信技术对工业企业外网进行升级改造。在5G研究中，开展面向工业互联网应用的网络技术试验，协同推进5G在工业企业的应用部署。开展工业互联网标识解析体系建设，建立完善各级标识解析节点。

到2020年，基本完成面向先进制造业的下一代互联网升级改造和配套管理能力建设，在重点地区和行业实现窄带物联网（NB-IoT）、工业过程／工业自动化无线网络（WIA-PA/FA）等无线网络技术应用；初步建成工业互联网标识解析注册、备案等配套系统，形成10个以上公共标识解析服务节点，标识注册量超过20亿。

到2025年，工业无线、时间敏感网络（TSN）、IPv6等工业互联网网络技术在规模以上工业企业中广泛部署；面向工业互联网接入的5G网络、低功耗广域网等基本实现普遍覆盖；建立功能完善的工业互联网标识解析体系，形成20个以上公共标识解析服务节点，标识注册量超过30亿。

（二）打造平台体系

加快工业互联网平台建设。突破数据集成、平台管理、开发工具、微服务框架、建模分析等关键技术瓶颈，形成有效支撑工业互联网平台发展的技术体系和产业体系。开展工业互联网平台适配性、可靠性、安全性等方面的试验验证，推动平台功能不断完善。通过分类施策、同步推进、动态调整，形成多层次、系统化的平台发展体系。依托工业互联网平台形成服务大众创业、万众创新的多层次公共平台。

提升平台运营能力。强化工业互联网平台的资源集聚能力，有效整合产品设计、生产工艺、设备运行、运营管理等数据资源，汇聚共享设计能力、生产能力、软件资源、知识模型等制造资源。开展面向不同行业和场景的应用创新，为用户提供包括设备健康维护、生产管理优化、协同设计制造、制造资源租用等各类应用，提升服务能力。不断探索商业模式创新，通过资源出租、服务提供、产融合作等手段，不断拓展平台盈利空间，实现长期可持续运营。

从工业互联网平台供给侧和需求侧两端发力，开展 4 个方面的建设和推广。一是工业互联网平台培育。通过企业主导、市场选择、动态调整的方式，形成跨行业、跨领域平台，实现多平台互联互通，承担资源汇聚共享、技术标准测试验证等功能，开展工业数据流转、业务资源管理、产业运行监测等服务。推动龙头企业积极发展企业级平台，开发满足企业数字化、网络化、智能化发展需求的多种解决方案。建立健全工业互联网平台技术体系。二是工业互联网平台试验验证。支持产业联盟、企业与科研机构合作共建测试验证平台，开展技术验证与测试评估。三是百万家企业上云。鼓励工业互联网平台在产业集聚区落地，推动地方通过财税支持、政府购买服务等方式鼓励中小企业业务系统向云端迁移。四是百万工业 APP 培育。支持软件企业、工业企业、科研院所等开展合作，培育一批面向特定行业、特定场景的工业 APP。

到 2020 年，工业互联网平台体系初步形成，支持建设 10 个左右跨行业、跨领域平台，建成一批支撑企业数字化、网络化、智能化转型的企业级平台。培育 30 万个面向特定行业、特定场景的工业 APP，推动 30 万家企业应用工业互联网平台开展研发设计、生产制造、运营管理等业务，工业互联网平台对产业转型升级的基础性、支撑性作用初步显现。

到 2025 年，重点工业行业实现网络化制造，工业互联网平台体系基本完善，形成 3～5 个具有国际竞争力的工业互联网平台，培育百万工业 APP，实现百万家企业上云，形成建平台和用平台双向迭代、互促共进的制造业新生态。

例如，三一集团的工程机械工业互联网平台是其在智能制造领域的最新应用成果，基于海量数据采集、汇聚、分析的服务体系，支撑制造资源泛在连接、弹性供给、高效配置的工业云平台或工业操作系统，推动制造业与互联网深度融合，促进实体经济和数字经济深度融合，带动上下游产业链及生态行业快速发展。

具体表现在，通过融合发展为客户建设智能化生产车间提供服务，从而带动生产工艺的机器人化发展。这种融合发展，会使得企业的生产制造系统更为智能，从而为行业提供智能化解决方案。另外，有了这种智能化解决方案，可以为生产线提供实时状态参与、数据参数修改等功能，并在生产现场或者更多的地方监控每一条生产线的状态，提供设备维护服务，从而提高生产线的灵活性和效率。

（三）加强产业支撑

加大关键共性技术攻关力度。开展时间敏感网络、确定性网络、低功耗工业无线网络等新型网络互联技术研究，加快 5G、软件定义网络等技术在工业互联网中的应用研究。推动解析、信息管理、异构标识互操作等工业互联网标识解析关键技术及安全可靠机制研究。加快 IPv6 等核心技术攻关。促进边缘计算、人工智能、增强现实、虚拟现实、区块链等新兴前沿技术在工业互联网中的应用研究与探索。

构建工业互联网标准体系。成立国家工业互联网标准协调推进组、总体组和专家咨询组，统筹推进工业互联网标准体系建设，优化推进机制，加快建立统一、综合、开放的工业互联网标准体系。制定一批总体性标准、基础共性标准、应用标准、安全标准。组织开展标准研制及试验验证工程，同步推进标准内容试验验证、试验验证环境建设、仿真与测试工具开发和推广。

面向工业互联网标准化需求和标准体系建设，开展工业互联网标准研制。开发通用需求、体系架构、测试评估等总体性标准；开发网络与数字化互联接口、标识解析、工业互联网平台、安全等基础共性标准；面向汽车、航空航天、石油化工、机械制造、轻工家电、信息电子等重点行业领域的工业互联网应用，开发行业应用导则、特定技术标准和管理规范。组织相关标准的试验验证工作，推进配套仿真与测试工具开发。

到 2020 年，初步建立工业互联网标准体系，制定 20 项以上总体性及关键基础共性标准，制定 20 项以上重点行业标准，推进标准在重点企业、重点行业中的应用。

到 2025 年，基本建成涵盖工业互联网关键技术、产品、管理及应用的标准体系，并在企业中得到广泛应用。

提升产品与解决方案供给能力。加快信息通信、数据集成分析等领域技术研发和产业化，集中突破一批高性能网络、智能模块、智能联网装备、工业软件等关键软硬件产品与解决方案。着力提升数据分析算法与工业知识、机制、经验的集成创新水平，形成一批面向不同工业场景的工业数据分析软件与系统及具有深度学习等人工智能技术的智能制造软件和解决方案。面向"中国制造 2025"十大重点领域与传统行业转型升级需求，打造与行业特点紧密结合的工业互联网整体解决方案。引导电信运营企业、互联网企业、工业企业等积极转型，强化网络运营、标识解析、安全保障等工业互联网运营服务能力，开展工业电子商务、供应链、相关金融信息等创新型生产性服务。

推进工业互联网新型网络互联、标识解析等新兴前沿技术研究与应用，搭建技术测试验证系统，支持技术、产品试验验证。聚焦工业互联网核心产业环节，积极推进关键技术产业化进程。加快工业互联网关键网络设备产业化，开展 IPv6、工业无源光网络、时间敏感网络、工业无线、低功耗广域网、软件定义网络、标识解析等关键技术和产品研发与产业化。研发推广关键智能网联装备，围绕数控机床、工业机器人、大型动力装备等关键领域，实现智能控制、智能传感、工业级芯片与网络通信模块的集成创新，形成一系列具备联网、计算、优化功能的新型智能装备。开发工业大数据分析软件，聚焦重点领域，围绕生产流程优化、质量分析、设备预测性维护、智能排产等应用场景，开发工业大数据分析应用软件，实现产业化部署。

到 2020 年，突破一批关键技术，建立 5 个以上的技术测试验证系统，推出一批具有国内先进水平的工业互联网网络设备，智能网联产品创新活跃，实现工业大数据清洗、管理、分析等功能快捷调用，推进技术产品在重点企业、重点行业中的应用，工业互联网关键技术产业化初步实现。

到 2025 年，掌握关键核心技术，技术测试验证系统有效支撑工业互联网技术产品研究和实验，推出一批达到国际先进水平的工业互联网网络设备，实现智能网联产品和工业大数据分析应用软件的大规模商用部署，形成较为健全的工业互联网产业体系。

（四）促进融合应用

提升大型企业工业互联网创新和应用水平。加快工业互联网在工业现场的应用，强化复杂生产过程中设备联网与数据采集能力，实现企业各层级数据资源的端到端集成。依托工业互联网平台开展数据集成应用，形成基于数据分析与反馈的工艺优化、流程优化、设备维护与事故风险预警能力，实现企业生产与运营管理的智能决策和深度优化。鼓励企业通过工业互联网平台整合资源，构建设计、生产与供应链资源有效组织的协同制造体系，开展用户个性需求与产品设计、生产制造精准对接的规模化定制，推动面向质量追溯、设备健康管理、产品增值服务的服务化转型。

加快中小企业工业互联网应用普及。推动低成本、模块化工业互联网设备和系统在中小企业中的部署应用，提升中小企业数字化、网络化基础能力。鼓励中小企业充分利用工业互联网平台的云化研发设计、生产管理和运营优化软件，实现业务系统向云端迁移，降低数字化、智能化改造成本。引导中小企业开放专业知识、设计创意、制造能力，依托工业互联网平台开展供需对接、集成供应链、产业电商、众包众筹等创新型应用，提升社会制造资源配置效率。

以先导性应用为引领，组织开展创新应用示范，逐步探索工业互联网的实施路径与应用模式。在智能化生产应用方面，鼓励大型工业企业实现内部各类生产设备与信息系统的广泛互联及相关工业数据的集成互通，并在此基础上发展质量优化、智能排产、供应链优化等应用。在远程服务应用方面，开展面向高价值智能装备的网络化服务，实现产品远程监控、预测性维护、故障诊断等远程服务应用，探索开展国防工业综合保障远程服务。在网络协同制造应用方面，面向中小企业智能化发展需求，开展协同设计、众包众创、云制造等创新型应用，实现各类工业软件与模块化设计制造资源在线调用。在智能联网产品应用方面，重点面向智能家居、可穿戴设备等领域，融合 5G、深度学习、大数据等先进技术，满足高精度定位、智能人机交互、安全可信运维等典型需求。在标识解析集成应用方面，实施工业互联网标识解析系统与工业企业信息化系统集成创新应用，支持企业探索基于标识服务的关键产品追溯、多源异构数据共享、全生命周期管理等应用。

到 2020 年，初步形成影响力强的工业互联网先导应用模式，建立

150 个左右应用试点。

到 2025 年，拓展工业互联网应用范围，在"中国制造 2025"十大重点领域及重点传统行业全面推广，实现企业效益全面显著提升。

（五）完善生态体系

构建创新体系。建设工业互联网创新中心，有效整合高校、科研院所、企业创新资源，围绕重大共性需求和重点行业需要，开展工业互联网产学研协同创新，促进技术创新成果产业化。面向关键技术和平台需求，支持建设一批能够融入国际化发展的开源社区，提供良好开发环境，共享开源技术、代码和开发工具。规范和健全中介服务体系，支持技术咨询、知识产权分析预警和交易、投融资、人才培训等专业化服务发展，加快技术转移与应用推广。

构建应用生态。支持平台企业面向不同行业智能化转型需求，通过开放平台功能与数据、提供开发环境与工具等方式，广泛汇聚第三方应用开发者，形成集体开发、合作创新、对等评估的研发机制。支持通过举办开发者大会、应用创新竞赛、专业培训及参与国际开源项目等方式，不断提升开发者的应用创新能力，形成良性互动的发展模式。

构建企业协同发展体系。以产业联盟、技术标准、系统集成服务等为纽带，以应用需求为导向，促进装备、自动化、软件、通信、互联网等不同领域企业深入合作，推动多领域融合型技术研发与产业化应用。依托工业互联网促进融通发展，推动一二三产业、大中小企业跨界融通，鼓励龙头工业企业利用工业互联网将业务流程与管理体系向上下游延伸，带动中小企业开展网络化改造和工业互联网应用，提升整体发展水平。

构建区域协同发展体系。强化对工业互联网区域发展的统筹规划，面向关键基础设施、产业支撑能力等核心要素，形成中央地方联动、区域互补的协同发展机制。根据不同区域制造业发展水平，结合国家新型工业化产业示范基地建设，遴选一批产业特色鲜明、转型需求迫切、地方政府积极性高、在工业互联网应用部署方面已取得一定成效的地区，因地制宜开展产业示范基地建设，探索形成不同地区、不同层次的工业互联网发展路径和模式，并逐步形成各有特色、相互带动的区域发展格局。

开展工业互联网创新中心建设。依托制造业创新中心建设工程，建设工业互联网创新中心，围绕网络互联、标识解析、工业互联网平台、安全保障等关键共性重大技术及重点行业和领域需求，重点开展行业领域基础和关键技术研发、成果产业化、人才培训等。依托创新中心打造工业互联网技术创新开源社区，加强前沿技术领域共创共享。支持国防科技工业创新中心深度参与工业互联网建设发展。

工业互联网产业示范基地建设。在互联网与信息技术基础较好的地区，以工业互联网平台集聚中小企业，打造新应用模式，形成一批以互联网产业带动为主要特色的示范基地。在制造业基础雄厚的地区，结合地区产业特色与工业基础优势，形成一批以制造业带动的特色示范基地。推进工业互联网安全保障示范工程建设。在示范基地内，加快推动基础设施建设与升级改造，加强公共服务，强化关键技术研发与产业化，积极开展集成应用试点示范，并推动示范基地之间协同合作。

到 2020 年，建设 5 个左右的行业应用覆盖全面、技术产品实力过硬的工业互联网产业示范基地。

到 2025 年，建成 10 个左右具有较强示范带动作用的工业互联网产业示范基地。

（六）强化安全保障

提升安全防护能力。加强工业互联网安全体系研究，技术和管理相结合，建立涵盖设备安全、控制安全、网络安全、平台安全和数据安全的工业互联网多层次安全保障体系。加大对技术研发和成果转化的支持力度，重点突破标识解析系统安全、工业互联网平台安全、工业控制系统安全、工业大数据安全等相关核心技术，推动攻击防护、漏洞挖掘、入侵发现、态势感知、安全审计、可信芯片等安全产品研发，建立与工业互联网发展相匹配的技术保障能力。构建工业互联网设备、网络和平台的安全评估认证体系，依托产业联盟等第三方机构开展安全能力评估和认证，引领工业互联网安全防护能力不断提升。

建立数据安全保护体系。建立工业互联网全产业链数据安全管理体系，明确相关主体的数据安全保护责任和具体要求，加强数据收集、存储、处理、转移、删除等环节的安全防护能力。建立工业数据分级分类管理制度，形成工业互联网数据流动管理机制，明确数据留存、数据泄露通报要求，加强工业互联网数据安全监督检查。

推动安全技术手段建设。督促工业互联网相关企业落实网络安全主体责任，指导企业加大安全投入，加强安全防护和监测处置技术手段建设，开展工业互联网安全试点示范，提升安全防护能力。积极发挥相关产业联盟引导作用，整合行业资源，鼓励联盟单位创新服务模式，提供安全运维、安全咨询等服务，提升行业整体安全保障服务能力。充分发挥国家专业机构和社会力量作用，增强国家级工业互联网安全技术支撑能力，着力提升隐患排查、攻击发现、应急处置和攻击溯源能力。

推动国家级工业互联网安全技术能力提升。打造工业互联网安全监测预警和防护处置平台、工业互联网安全核心技术研发平台、工业互联网安全测试评估平台、工业互联网靶场等。

引导企业提升自身工业互联网安全防护能力。在汽车、电子、航空航天、能源等基础较好的重点领域和国防工业等安全需求迫切的领域，建设工业互联网安全保障管理和技术体系，开展安全产品、解决方案的试点示范和行业应用。

到 2020 年，根据重要工业互联网平台和系统的分布情况，组织有针对性的检查评估；初步建成工业互联网安全监测预警和防护处置平台；培养形成 3 ~ 5 家具有核心竞争力的工业互联网安全企业，遴选一批创新实用的网络安全试点示范项目并加以推广。

到 2025 年，形成覆盖工业互联网设备安全、控制安全、网络安全、平台安全和数据安全的系列标准，建立健全工业互联网安全认证体系；工业互联网安全产品和服务得到全面推广和应用；工业互联网相关企业网络安全防护能力显著提升；国家级工业互联网安全技术支撑体系基本建成。

（七）推动开放合作

提高企业国际化发展能力。鼓励国内外企业面向大数据分析、工业数据建模、关键软件系统、芯片等薄弱环节，合作开展技术攻关和产品研发。建立工业互联网技术、产品、平台、服务方面的国际合作机制，推动工业互联网平台、集成方案等"引进来"和"走出去"。鼓励国内外企业跨领域、全产业链紧密协作。

加强多边对话与合作。建立政府、产业联盟、企业等多层次沟通对话机制，针对工业互联网最新发展、全球基础设施建设、数据流动、安全保障、政策法规等重大问题开展交流与合作。加强与国际组织的协同合作，共同制定工业互联网标准规范和国际规则，构建多边、民主、透明的工业互联网国际治理体系。

三、工业互联网平台指南

伴随工业 4.0 的蓬勃兴起，制造业加速向数字化、网络化、智能化方向延伸拓展，软件定义、数据驱动、平台支撑、服务增值、智能主导的特征日趋明显。加快发展工业互联网平台，不仅是各国顺应产业发展大势，抢占产业未来制高点的战略选择，也是中国加快制造强国和网络强国建设，推动制造业质量变革、效率变革和动力变革，实现经济高质量发展的客观要求。

工业互联网平台是工业全要素、全产业链、全价值链连接的枢纽，是实现制造业数字化、网络化、智能化过程中工业资源配置的核心，是信息化和工业化深度融合背景下的新型产业生态体系，支撑着工业资源的泛在连接、弹性供给和高效配置。

为此，2018 年 7 月，工业和信息化部正式印发了《工业互联网平台建设及推广指南》（以下简称《平台指南》），旨在加快建立工业互联网平台体系，加速工业互联网平台推广。其中，主要任务包括制定标准、培育平台、推广平台、建设生态和加强管理 5 方面内容。

（一）制定工业互联网平台标准

围绕平台标准体系建设、标准推广机制建设及推动标准国际对接 3 个方面展开。一是面向工业互联网平台基础共性、关键技术和应用服务等领域，制定一批国家标准、行业标准和团体标准，建立平台标准体系；二是发挥产学研用各方和联盟协会作用，建设标准管理服务平台，开发标准符合性验证工具及解决方案，开展标准宣贯培训，形成平台标准的制定及推广机制；三是建立与德国工业 4.0 平台、美国工业互联网联盟的对标机制，加快国际标准的国内转化，支持标准化机构及重点企业直接参与国际标准制定，推动平台标准国际对接。

（二）培育工业互联网平台

工业互联网平台培育是发展工业互联网的核心任务，也是争夺产业竞争制高点的关键举措。《指导意见》中提出，平台培育要坚持"企业主导、市场选择、动态调整"，从政府政策和企业实践两端共同发力，推动工业互联网平台培育。

《平台指南》围绕打造跨行业跨领域、企业级两类平台目标，面向政府和企业两类主体，提出平台培育具体举措。在政府政策方面，结合《工业互联网平台评价方法》，在地方普遍发展工业互联网平台基础上，分批分期遴选跨行业跨领域平台，组织开展工业互联网试点示范（平台方向）和平台能力成熟度评价，发布重点行业工业互联网平台推荐名录，培育一批具备独立自主运营能力的特定行业、特定区域企业级平台。在企业实践方面，整合产学研用资源，围绕边缘、平台、应用三大核心层级，通过建设设备协议开放开源社区、推动基础共性技术模型化、开发预集成平台方案等，强化平台设备管理、工业机制模型开发、应用开发支持及工业 APP 创新等关键能力，加快平台建设。

（三）推广工业互联网平台

建平台和用平台双轮驱动是工业互联网平台建设及推广的主线，发展工业互联网平台只有找到"杀手级"应用，才能带动新技术、新应用、新产业和商业模式的快速迭代和持续演进。当前，中国工业体系中存在大量高资源消耗、高安全风险、低利用效率的工业设备，存在大量分散割裂的企业业务系统"信息孤岛"，推动重点工业设备上云、企业业务系统上云，是有效推动工业企业上云的切入点，是实现平台应用推广的关键抓手。

《平台指南》围绕重点工业设备上云、企业业务系统上云、培育平台应用新模式新业态 3 个方面，提出平台应用推广的推进方向。一是实施工业设备上云"领跑者"计划，制定分行业、分领域重点工业设备数据云端迁移指南，鼓励平台企业在线发布核心设备运行绩效榜单和最佳工艺方案，支持建设重点工业设备运营维护专家资源库，推动高耗能流程行业设备、通用动力设备、新能源设备及智能化设备上云，实现节能降耗、精准运维、高效发电和效益提升。二是积极推动企业业务系统上云，鼓励龙头企业打通、开放和共享业务系统，鼓励地方通过创新券、服务券等方式加大企业上云支持。三是培育平台应用新模式，组织开展工业互联网试点示范，培育平台应用新模式。

（四）建设工业互联网平台生态

工业互联网平台的竞争本质是产业生态主导权之争，构建基于工业互联网平台的生态体系是打造产业竞争新优势、抢占未来发展先机的关键途径。平台生态的构建要面向平台产品自身构建试验测试环境，聚合各方主体协同创新；面向平台承载的工业 APP 构建开发者社区，吸引社会各界参与应用创新；面向平台技术成果认定与市场化推广，建立线上新型服务体系，优化平台生态环境。

《平台指南》提出平台试验测试、开发者社区和新型服务体系等 3 方面生态建设重点。一是针对平台技术、产品和商业模式不完善的问题，构建工业互联网平台试验测试体系，通过全场景大规模的试验测试，寻求最佳技术和产品路线，加速平台核心技术研发和成果转化，提升平台技术和商业成熟度。二是针对平台解决方案或工业 APP 创新能力不足的现状，建设工业互联网平台开发者社区，形成集体开发、合作创新与人才评价相结合的研发机制，培育工业 APP 开发者人才队伍。三是面向企业接入平台后认证需求从线下发展到线上的趋势，构建新型平台服务体系，探索基于平台的知识产权激励和保护机制，完善企业资质、产品质量和服务能力线上认证体系，推动制造技术、知识和能力的共享交易。

（五）加强工业互联网平台管理

工业互联网平台的有效管理是平台产业健康有序发展的重要保障，

需要政府、企业、产业联盟和行业协会共同发力、协同推进，营造平台发展良好环境。

《平台指南》针对平台互联互通、平台运营监测、平台安全隐患等问题，提出加强平台管理的具体举措。一是推动平台间数据与服务互联互通，通过制定相关规范和准则构建公平、有序、开放的平台发展环境，实现功能模块在不同平台间可部署、可调用、可订阅，避免PaaS平台企业被IaaS企业所绑定；二是开展平台运营分析与动态监测，加强对平台发展情况、新技术应用和工业大数据共享交易的监测分析，定期发布工业APP订阅榜、平台用户地图，细分行业产能分布数字地图等统计成果，实时、动态监测工业互联网平台整体运行情况；三是完善平台安全保障体系，加快政策法规制定和国家工业信息安全综合保障平台建设，提升安全态势感知、漏洞发现等能力，防范安全事故发生，强化企业平台安全主体责任。

第四节　智能产品及智能互联产品

在产品方面，《新一代人工智能发展规划》中也有明确要求：围绕教育、医疗、养老等迫切民生需求，加快人工智能创新应用，为公众提供个性化、多元化、高品质服务。

那么，具体而言培育哪些方面的智能产品呢？在2017年7月《新一代人工智能发展规划》发布不久，工业和信息化部于2017年12月份发布的《促进新一代人工智能产业发展三年行动计划（2018-2020年）》明确了深化发展智能制造、培育智能产品等4项任务。

就培育智能产品而言，主要是指，以市场需求为牵引，积极培育人工智能创新产品和服务，促进人工智能技术的产业化，推动智能产品在工业、医疗、交通、农业、金融、物流、教育、文化、旅游等领域的集成应用。发展智能控制产品，加快突破关键技术，研发并应用一批具备复杂环境感知、智能人机交互、灵活精准控制、群体实时协同等特征的智能化设备，满足高可用、高可靠、安全等要求，提升设备处理复杂、突发、极端情况的能力。培育智能理解产品，加快模式识别、智能语义理解、智能分析决策等核心技术研发和产业化，支持设计一批智能化水平和可靠性较高的智能理解产品或模块，优化智能系统与服务的供给结构。推动智能硬件普及，深化人工智能技术在智能家居、健康管理、移动智能终端和车载产品等领域的应用，丰富终端产品的智能化功能，推动信息消费升级。着重在以下领域率先取得突破。

一、智能网联汽车

支持车辆智能计算平台体系架构、车载智能芯片、自动驾驶操作系统、车辆智能算法等关键技术、产品研发，构建软件、硬件、算法一体化的车辆智能化平台。到 2020 年，建立可靠、安全、实时性强的智能网联汽车智能化平台，形成平台相关标准，支撑高度自动驾驶（HA 级）。

2016 年 3 月，中国汽车工业协会发布了《"十三五"汽车工业发展规划意见》（以下简称《规划意见》）。《规划意见》对"十三五"的中国汽车工业提出了 8 个方面的发展目标，其中之一就是"积极发展智能网联汽车"。

所谓智能网联汽车，业界的定义是：搭载先进车载传感器等装置，融合现代通信与网络技术，实现车与人、车、路、后台等智能信息交换共享，具备复杂的环境感知、智能决策、协同控制和执行等功能的新一代汽车。

《规划意见》也对智能网联汽车发展设定了目标：积极发展智能网

联汽车，具有驾驶辅助功能（1 级自动化）的智能网联汽车当年新车渗透率达到 50%，有条件自动化（2 级自动化）的智能网联汽车当年新车渗透率达到 10%，为智能网联汽车的全面推广建立基础。

汽车技术发展的两个方向是智能化和网联化，两者相结合称之为智能网联汽车，也就是把自动驾驶和网联汽车结合起来。而智能汽车自动驾驶实现真正的产业化将是汽车技术里的一场革命。发展智能网联汽车不仅符合世界汽车工业发展的大趋势，更是中国汽车工业向产业链的中高端转移的有力抓手。

二、智能服务机器人

支持智能交互、智能操作、多机协作等关键技术研发，提升清洁、老年陪护、康复、助残、儿童教育等家庭服务机器人的智能化水平，推动巡检、导览等公共服务机器人及消防救援机器人等的创新应用。发展三维成像定位、智能精准安全操控、人机协作接口等关键技术，支持手术机器人操作系统研发，推动手术机器人在临床医疗中的应用。到 2020 年，智能服务机器人环境感知、自然交互、自主学习、人机协作等关键技术取得突破，智能家庭服务机器人、智能公共服务机器人实现批量生产及应用，医疗康复、助老助残、消防救灾等机器人实现样机生产，完成技术与功能验证，实现 20 家以上应用示范。

人工智能技术是服务机器人在下一阶段获得实质性发展的重要引擎，目前正在从感知智能向认知智能加速迈进，并已经在深度学习、抗干扰感知识别、听觉视觉语义理解与认知推理、自然语言理解、情感识别等方面取得了明显的进步，开始进一步向各应用场景渗透。例如，美国直觉外科手术公司（Intuitive Surgical）的新一代达芬奇手术机器人（Da Vinci System）更加轻型化，并突破性地实现了术中成像的画中画技术，帮助医生更精确、安全、高效地完成微创手术。日本软银公司 (Soft Bank) 的 Pepper 情感陪护机器人已配备了语音识别技术，分析表情和声调的情绪识别技术，可通过判断人类的面部表情和语调方式，感受人类情绪并做出反馈。

三、智能无人机

支持智能避障、自动巡航、面向复杂环境的自主飞行、群体作业等关键技术研发与应用，推动新一代通信及定位导航技术在无人机数据传输、链路控制、监控管理等方面的应用，开展智能飞控系统、高集成度专用芯片等关键部件研制。到 2020 年，智能消费级无人机三轴机械增稳云台精度达到 0.005 度，实现 360 度全向感知避障，实现自动智能强制避让航空管制区域。

随着无人机研发技术逐渐成熟，制造成本大幅降低，无人机在各个领域得到了广泛应用。无人机按照应用领域主要分为军用无人机、工业无人机、消费无人机。军用无人机主要应用于侦查、电子对抗、无人战斗机等，工业无人机主要应用于农业植保、电力巡检、警用执法、地质勘探、环境监测、森林防火等，消费无人机主要应用于个人航拍、影视航拍、遥控玩具等。

目前，部分消费级无人机已能通过传感器、摄像头等进行自动避障，同时还能依靠机器视觉对飞行环境进行检测，分析所处环境特征从而实现自我规划路径，开始朝更高级别的无人机智能化迈进。数据显示，中国作为全球无人机第一制造大国，深圳大疆公司占全球消费级无人机 70% 的市场份额。

四、医疗影像辅助诊断系统

推动医学影像数据采集标准化与规范化，支持脑、肺、眼、骨、心脑血管、乳腺等典型疾病领域的医学影像辅助诊断技术研发，加快医疗影像辅助诊断系统的产品化及临床辅助应用。到 2020 年，国内先进的多模态医学影像辅助诊断系统对以上典型疾病的检出率超过 95%，假阴性率低于 1%，假阳性率低于 5%。

五、视频图像身份识别系统

支持生物特征识别、视频理解、跨媒体融合等技术创新，发展人证合一、视频监控、图像搜索、视频摘要等典型应用，拓展在安防、金融等重点领域的应用。到 2020 年，复杂动态场景下人脸识别有效检出率超过 97%，正确识别率超过 90%，支持不同地域人脸特征识别。

六、智能语音交互系统

支持新一代语音识别框架、口语化语音识别、个性化语音识别、智能对话、音视频融合、语音合成等技术的创新应用，在智能制造、智能家居等重点领域开展推广应用。到 2020 年，实现多场景下中文语音识别平均准确率达到 96%，5 m 远场识别率超过 92%，用户对话意图识别准确率超过 90%。

七、智能翻译系统

推动高精准智能翻译系统应用，围绕多语言互译、同声传译等典型场景，利用机器学习技术提升准确度和实用性。到 2020 年，多语种智能互译取得明显突破，中译英、英译中场景下产品的翻译准确率超过 85%，少数民族语言与汉语的智能互译准确率显著提升。

八、智能家居产品

支持智能传感、物联网、机器学习等技术在智能家居产品中的应用，提升家电、智能网络设备、水电气仪表等产品的智能水平、实用性和安全性，发展智能安防、智能家具、智能照明、智能洁具等产品，建设一批智能家居测试评价、示范应用项目并推广。到 2020 年，智能家居产品类别明显丰富，智能电视市场渗透率达到 90% 以上，安防产品智能化水平显著提升。

传统家居受到物理空间、操控方式等因素限制，控制方式相对烦琐，智能家居允许多种方式控制，减少了人的操作；传统家居需要手动调节和控制，智能家居具备许多人性化的功能，自动反馈的联动控制让家庭生活更加舒适；传统家居多采用物理安防，智能家居不仅能够远程实施监控，更可以基于生物特征的身份识别提高家庭安全级别；传统家居的节能依靠人的自觉，智能家居用传感器将家电、门窗、水气统筹起来，依据环境自动做出合理安排。

近几年来，家居生活正在不断走向智能化。人工智能技术在家居领域的应用场景主要包括智能家电、家庭安防监控、智能家居控制中心等。通过将生物特征识别、自动语音识别、图像识别等人工智能技术应用到传统家居产品中，实现家居产品智能化升级，全面打造全新的智能家庭。

第五节　智能制造使能工具与系统

对制造的广义理解是指把原材料变成有用物品的过程，它包括产品设计、材料选择、加工生产、质量保证、管理和营销等一系列有内在联系的运作和活动。对制造的狭义理解是指从原材料到成品的生产过程中的部分工作内容，包括毛坯制造、零件加工、产品装配、检验、包装等具体环节。对制造概念广义和狭义的理解使"制造系统"成为一个相对的概念，小至柔性制造单元（flexible manufacturing cell，FMC）、柔性制造系统（flexible manufacturing system，FMS），大至一个车间、企业乃至以某一企业为中心包括其供需链而形成的系统，都可称之为"制造系统"。从包括的要素而言，制造系统是人、设备、物料流／信息流／资金流、制造模式的一个组合体。

新一代信息技术作为"使能工具"，促进了"制造"的智能化。

一、云计算

在一些有固定数学优化模型、需要大量计算、但无须进行知识推理的地方，如设计结果的工程分析、高级计划排产、模式识别等，通过云计算技术，可以更快地给出更优的方案，有助于提高设计与生产效率，降低成本，提高能源利用率。

二、物联网

以数控加工过程为例，"机床／工件／刀具"系统的振动、温度变化对产品质量有重要影响，需要自适应调整工艺参数，在这方面，物联网传感器对制造工况的主动感知和自动控制能力明显高于工人。因此，应用物联网传感器，实现"感知—分析—决策—执行"的闭环控制，能够显著提高生产制造的质量和效率。同样，在企业的制造过程中，存在很多动态的、变化的环境，制造系统中的某些要素（设备、检测机构、物料输送和存储系统等）必须能动态地、自动地响应系统变化，这也依赖于制造系统的智能化。

三、大数据

随着大数据技术的普及应用，制造系统正在由资源要素驱动型向信息数据驱动型转变。制造业企业能拥有的产品全生命周期数据可能是非常丰富的，通过基于大数据的智能分析方法，将有助于创新或优化企业的研发、生产、运营、营销和管理过程，为企业带来更快的响应速度、更高的效率和更深远的洞察力。工业大数据的典型应用包括产品创新、产品故障诊断与预测、企业供需链优化和产品精准营销等诸多方面。

四、虚拟现实和增强现实技术

虚拟现实（virtual reality，VR）和增强现实（augmented reality，AR）技术可构建三维模拟空间或虚实融合空间，在视觉、听觉、触觉等感官上让人们沉浸式体验虚拟世界。VR/AR 技术可广泛应用于产品体验、设计与工艺验证、工厂规划、生产监控、维修服务等环节。

由此可见，无论是在微观层面还是宏观层面，智能制造技术都能给制造业企业带来切实的好处。因此，实现智能制造离不开各种使能工具与系统（图 3-5）。例如，基于大数据分析技术，应用机器学习、知识发现与知识工程及跨媒体智能等方法，使产品质量改进与缺陷检测、生产工艺过程优化、设备健康管理、故障预测与诊断等关键环节具备人工智能特征。随着制造技术的进步和现代化管理理念的普及，制造业企业的运营越来越依赖信息技术。以至于制造业的整个价值链、制造业产品的整个生命周期都涉及诸多的数据，制造业企业的数据也呈现出爆炸性增长的趋势。

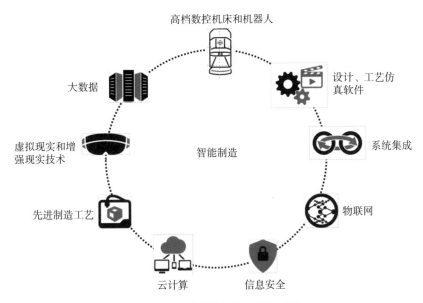

图 3-5　智能制造使能工具与系统

制造业企业需要管理的数据种类繁多，涉及大量结构化数据和非结构化数据，包括以下几个方面。

①产品数据。设计、建模、工艺、加工、测试、维护、产品结构、零部件配置关系、变更记录等数据。

②运营数据。组织结构、业务管理、生产设备、市场营销、质量控制、生产、采购、库存、目标计划、电子商务等数据。

③价值链数据。客户、供应商、合作伙伴等数据。

④外部数据。经济运行、行业、市场、竞争对手等数据。

智能工厂中的大数据是"信息"与"物理"世界彼此交互与融合所产生的。大数据分析技术将带来制造业企业创新和变革的新时代。在以往传统的制造业生产管理的信息数据基础上，通过物联网等带来的物理数据感知，形成工业 4.0 时代的生产数据，制造业企业还需要实时从网上接受众多消费者的个性化定制数据，并通过网络协同配置各方资源，组织生产，管理更多的各类有关数据的私有云，创新制造业企业的研发、生产、运营、营销和管理方式，给制造业企业带来更快的速度、更高的效率和更高的洞察力，呈现出一个全新的制造业价值链体系。

再比如，将物联网、虚拟现实和增强现实技术、安全的云计算、高效的设计、工艺仿真软件与先进制造工艺融合，采用智能感知、模式识别、智能语义理解、智能分析决策等核心技术，实现复杂环境感知、智能人机交互、灵活精准控制、群体实时协同等方面性能和智能化水平的显著提高。

还有，高档数控机床和机器人等采用人工智能技术的关键制造装备，通过嵌入计算机视听觉、生物特征识别、复杂环境识别、智能语音处理、自然语言理解、智能决策控制及新型人机交互等技术，实现制造装备的自感知、自学习、自适应、自控制。

当然，最重要的是人工智能技术在产品开发、制造过程等产品全生命周期过程中的系统集成，实现对制造过程优化，技术方案和应用模式等具有可复制性、可推广性。

第六节　智能制造云服务平台

云计算概念起源于信息化和互联网领域。2006 年 3 月，亚马逊推出弹性计算云服务（elastic compute cloud，EC2）产品，8 月份，Google 正式提出云计算概念。云计算指云计算服务、支撑云计算服务的云计算平台和相关云计算构架技术，是计算机科学和互联网技术发展的产物，也是引领未来信息产业创新的关键战略性技术和手段。

云计算开创了软件即服务（Software as a Service，SaaS）、平台即服务（Platform as a Service，PaaS）、基础设施即服务（Infrastructure as a Service，IaaS）等全新信息化服务模式。其中，软件即服务模式提供低廉的在线软件租用服务，平台即服务模式提供快速的从技术开发到服务运营的能力，基础设施即服务模式提供低成本和可靠性高的基础设施托管服务。这样一来，云计算不仅仅能节省信息化成本，提高运营效率，更能够带动大规模的创新，使创新速度明显加快，新技术、新理念和新服务层出不穷。

云计算服务模式不仅给全球信息产业创造了深远的变革机会，同时也给工业等传统产业带来了新的发展机遇。

一、制造业的云服务平台

在系统架构上，工业基础设施利用网络和虚拟化技术可实现动态资源整合与弹性扩展，各种工业软件可以集中部署和维护，并通过嵌入式控制系统实现对工业基础设施的控制与维护；在商业模式上，面向公众开放"公共云"服务，并通过应用程序接口支持用户自助完成业务部署，面向企业集团内部的"私有云"服务，可以将共享的图纸、操作经验、运营数据等充分利用起来，并通过应用程序接口形成网络协同与互联制造。

在 RFID、传感器等物联网技术的支持下，工厂内的物理设备（生产线、生产设备、零部件等）将实现物与物之间的互联。与此同时，信息化（工业软件、管理软件、数据挖掘等）的发展为求解复杂的制造问题和开展大规模协同制造也提供了可能。云制造的概念由此应运而生。

简单地说，云制造就是一种基于泛在网络，以人为中心，互联化、服务化、个性化、社会化的一种智慧制造新模式和新手段。基于泛在网络，以人为中心，借助 4 类技术深度融合的数字化、网络化、智能化技术手段，是信息化的制造技术、新兴科学技术、智能科学技术及制造应用领域技术。通过这些手段把制造的资源和能力，包括人，构成服务的云，使得用户通过终端和云制造服务终端的平台，就能够随时随地按需获取所要的制造资源和能力，对制造全系统、全生命周期里边的人及物进行智慧地感知、互联、协同、学习、分析、预测、决策、控制和执行，提高企业和集团的市场竞争力。

中国工程院李伯虎院士是云制造的重要提出者和推广者。根据李伯虎院士的描述，云制造是一种面向服务的、高效低耗和基于知识的网络化智能制造新模式，是对现有网络化制造与服务技术进行的延伸和变革。它融合现有信息化制造技术及云计算、物联网、语义 Web、高性能计算等信息技术，将各类制造资源和制造能力虚拟化、服务化，构成制造资源和制造能力池，并进行统一的、集中的智能化管理和经营，实现智能化、多方共赢、普适化和高效的共享和协同，通过网络和云制造系统为制造全生命周期过程提供可随时获取的、按需使用的、安全可靠的、优质廉价的智慧服务。云制造是一种通过实现制造资源和制造能力的流通从而达到大规模收益、分散资源共享与协同的制造新模式。

工业互联网最有意义的部分是其云计算平台。工业生产中产生的海量数据将与工业云平台相连，采用分布式架构进行分布式数据挖掘，提炼有效生产改进信息，最终将用于预测性维护等领域。首先，在云平台上打通数据流和物流，在云上汇聚工厂内部的不同维度、产品全生命周期不同阶段、供应链上下游不同行为主体。其次，可以通过运用大数据及人工智能技术进行分析，提炼数字分析模型。

制造业智能化及工业互联网具有不同层面的应用场景。首先，在企业层面主要是内部的提质增效，降本减存，从传统制造进化为智能工厂，以数据驱动智能生产能力。其次，可实现跨企业价值链延伸，优化跨企业的制造资源配置，打通企业外部价值链。最后，有望实现全行业生态构建，以数据驱动生态运营能力，汇聚协作企业、产品、用户等产业链资源，不断沉淀、复用、重构和输出，实现制造行业整体的资源优化配置。

所以，一套完整的云制造至少需要 3 层体系架构，包括控制层、执行层、信息层。

①控制层。通过 DCS/PLC/SCADA 采集数据、监测生产情况，向云制造供给数据，根据人工智能技术（机器学习／深度学习等）模拟计算之后，按照智能决策执行下一步生产。

②执行层。制造执行系统（MES）与云制造深度交互，有支持单主体完成某阶段制造、支持多主体协同完成某阶段制造、支持多主体协同完成跨阶段制造及支持多主体按需获得制造能力 4 种应用模式。

③信息层。各种业务软件（ERP、PLM、SCM 等）与云制造互联互通，基于中间件层的接口，提供云制造服务平台至关重要的各类功能，包括资源规划、全生命周期管理、采购等。

二、云制造为并行制造提供生态环境

据资料显示，云制造系统中主要有 3 种用户角色，即：资源提供者、制造云运营者、资源使用者。资源提供者通过对产品全生命周期过程中的制造资源和制造能力进行感知、虚拟化接入，以服务的形式提供给第三方运营平台（制造云运营者）；制造云运营者主要实现对云服务的高效管理、运营等，可根据资源使用者的应用请求，动态、灵活地为资源使用者提供服务；资源使用者能够在制造云运营平台的支持下，动态按需地使用各类应用服务（接出），并能实现多主体的协同交互。在制造云运行过程中，知识起着核心支撑作用，知识不仅能够为制造资源和制造能力的虚拟化接入和服务化封装提供支持，还能为实现基于云服务的高效管理和智能查找等功能提供支持。

制造资源包括制造全生命周期活动中的各类制造设备（如机床、加工中心、计算设备）及制造过程中的各种模型、数据、软件、领域知识等。而并行制造要让参与产品开发的每个人都能瞬时地相互交换信息和资源，以克服由于企业分支机构地点不同、组织机构部门不同，产品的复杂化，缺乏互换性的工具等因素造成的各种问题。从而在生产研发过程中，针对不同的产品对象，采用不同的并行制造手法，逐步优化生产制造环境，实现柔性和弹性。这样一来，并行制造需要有一个大的网络平台，而云制造恰好满足并行制造的生态环境需求。

通过云制造部署的高性能的计算机网络，可以允许项目组人员能在各自的工作岗位上进行仿真或虚拟制造，或利用各自的信息化系统实现数据资源的共享和各项工作的协同。通过云制造提供统一的数据库和知识库甚至设备库和零部件库，使项目组人员能同时以不同的角度参与或解决各自生产问题。

云制造可实现制造能力的共享。通过数据模型的加工、融合和优化，将不同工厂、不同车间、不同环节的制造能力纷纷部署到平台上，再通过平台匹配和交易，形成可共享的制造资源。通过大数据分析制造能力的供需精准对接，制造资源实现按需求动态配置。核心是人和机器智能的融合创新。工业互联网平台的核心竞争力体现在工业知识与大数据、人工智能技术的深度融合应用，加速知识创新和价值创造。

三、未来的云制造

云制造能够培育产业新型业态的功能也在工业领域逐步显现，不仅催生出工业软件服务的新业态，还带动工业企业创新形成了一批服务化转型的新模式。

　　一是催生工业大数据应用生态。云制造在数据采集与数据挖掘方面具有天然优势，推进建设和应用基于"国家物联网统一标识"的公共云制造平台，就是推进企业统一数据标准和共享机制，一旦建立，即可极大加速工业企业大数据的积累，加速行业共性大数据的积累，为工业大数据解决方案的进一步发展提供了重要的储备，也为制造业整体的发展奠定数据基础。例如，三一重工等国内代表性制造业企业初步建成的工业互联网云平台，已经可以通过对产品实时工况监控数据的分析挖掘，优化产品的维护保养计划并反哺新品研发。在这些工业云平台上，产品制造商、维护服务商、产品最终用户、平台运营商等各取所需、合作共赢，形成了以数据和服务为核心的产业生态。而且，"随着示范作用的发挥，平台会吸引更多应用服务商和用户加入其中，新的服务商从数据中能够挖掘创造出更多价值，而用户的加入使得数据规模成倍增长，平台在不断的自我成长过程中，成为工业大数据创新创业的重要孵化器。"

　　二是服务中小企业。德国 90% 为员工不到 500 人的中小企业。中小企业不断进行技术创新，主要通过企业间交易，在固定的零部件和机床领域占据较大的市场份额。实现工业 4.0 需要巨额的软件开发投入，由于中小企业自己开发将是非常困难的，所以，德国推出工业 4.0 其实也是基于本国的产业结构，目的是通过搭建网络平台有效地对本国中小企业进行保护和扶持，使得缺乏自主开发软件能力的中小企业也能享受技术上的扶持。云制造能够实现企业间制造资源和制造能力整合，提高整个社会制造资源和制造能力的使用率，实现制造资源和能力交易，支持中小企业广域范围内制造资源与能力的自由交易，支持中小企业自主发布资源能力需求和供应信息，实现基于企业标准的制造资源和能力的自由交易及多主体间开发、加工、服务等业务协同，实现中小企业在制造工艺的层次上与外部资源进行协作。

三是云制造是实现服务型制造业和生产型服务业的有效途径。云制造将成功的实现由"制造"转向"服务"的观念改变，把制造资源变成为一种专业服务，借用云计算的思想，利用信息技术建立共享制造资源的公共服务平台，将巨大的社会制造资源池连接在一起，提供各种制造服务，实现制造资源与服务的开放协作、社会资源高度共享。这样一来，一些制造业企业就无须再筹集巨额资金去购买生产线或生产设备，可以通过云制造平台去"借势借力，整合资源"，实现开放的价值链和开放型制造。

第七节　流程智能制造

流程型制造的生产连续性强，工艺流程相对规范，工艺过程的连贯性要求较高。随着智能制造的推进，经过市场验证的流程工业数字化应用方案成熟度进一步提升。目前，已初步形成智能执行机构、智能检测、智能控制、智能操作、智能运营、智能决策六大层次系列产品的整体解决方案。

其中核心产品包括现场检测仪表、DCS 控制系统、先进控制与优化软件（APC）、制造执行系统（MES）、能源管理系统（EMS）、移动智能 APP、设备管理等子系统。

在企业的实际经营和运维过程中，生产、管理、化验、安全监控、环保监测等数据如何有效地进行加工和应用仍是目前流程型企业面临的共性问题。

例如：浙江中控提供的数字化应用方案可实现化工行业工厂的"智能现场总线集成、智能操作与控制集成、智能运营"3 个层次数据集成，将全厂信息有效整合，构建出高效节能的、绿色环保的、环境舒适的人性化工厂，实现用户企业的转型升级；石化盈科选择不同生产特点和管理模式的炼化企业为试点，面向"运营期"，聚焦企业各业务域，开展大型炼化企业数字化工厂建设，树立行业标杆，随后根据试点经验和实践，由"运营期"扩展并延伸至"工程期＋运营期"，交付与企业新装置同步投用的新建（或改扩建）大型企业数字化工厂，为企业实现高质量发展提供借鉴和样板。

按照 2016 年 8 月发布的《智能制造工程实施指南》描述，流程型智能制造主要包括 4 个方面：工厂总体设计、工艺流程及布局数字化建模；生产流程可视化、生产工艺可预测优化；智能传感及仪器仪表、网络化控制与分析、在线检测、远程监控与故障诊断系统在生产管控中实现高度集成；实时数据采集与工艺数据库平台、车间制造执行系统（MES）与企业资源计划（ERP）系统实现协同与集成。

具体而言，流程型智能制造需要借助人工智能、大数据及自动化等技术实现以下功能。

①工厂总体设计、工艺流程及布局均建立数字化模型，并进行模拟仿真，实现生产流程数据可视化和生产工艺优化。

②实现对物流、能流、物性、资产的全流程监控，建立数据采集和监控系统，生产工艺数据自动采集率达到 90% 以上。实现原料、关键工艺和成品检测数据的采集和集成利用，建立实时的质量预警。

③采用先进控制系统，工厂自控投用率达到 90% 以上，关键生产环节实现基于模型的先进控制和在线优化。

④建立制造执行系统（MES），生产计划、调度均建立模型，实现生产模型化分析决策、过程量化管理、成本和质量动态跟踪及从原材料到产成品的一体化协同优化。建立企业资源计划系统（ERP），实现企业经营、管理和决策的智能优化。

⑤对于存在较高安全与环境风险的项目，实现有毒有害物质排放

和危险源的自动检测与监控、安全生产的全方位监控，建立在线应急指挥联动系统。

⑥建立工厂通信网络架构，实现工艺、生产、检验、物流等制造过程各环节之间，以及制造过程与数据采集和监控系统、制造执行系统（MES）、企业资源计划系统（ERP）之间的信息互联互通。

⑦建有工业信息安全管理制度和技术防护体系，具备网络防护、应急响应等信息安全保障能力。建有功能安全保护系统，采用全生命周期的方法有效避免系统失效。

通过持续改进，实现生产过程动态优化，制造和管理信息的全程可视化，企业在资源配置、工艺优化、过程控制、产业链管理、节能减排及安全生产等方面的智能化水平显著提升。

第八节　离散智能制造

对于离散制造业而言，产品往往由多个零部件经过一系列不连续的工序加工和装配而成，其过程包含很多不确定因素，在一定程度上增加了离散型制造生产组织的难度和复杂性。如何实现制造物理世界与信息世界的交互与共融，成为当前国内外实践智能制造理念和目标所共同面临的核心瓶颈之一。

按照2016年8月发布的《智能制造工程实施指南》描述，离散型智能制造主要包括4个方面：车间总体设计、工艺流程及布局数字化建模；基于三维模型的产品设计与仿真，建立产品数据管理系统（PDM），关键制造工艺的数值模拟及加工、装配的可视化仿真；先进传感、控制、检测、装配、物流及智能化工艺装备与生产管理软件高度集成；现场数据采集与分析系统、车间制造执行系统（MES）与产品全生命周期管理（PLM）、企业资源计划（ERP）系统高效协同与集成。

具体而言，离散型智能制造需要借助人工智能、大数据及自动化等技术实现以下功能。

①车间／工厂的总体设计、工艺流程及布局均建立数字化模型，并进行模拟仿真，实现规划、生产、运营全流程数字化管理。

②应用数字化三维设计与工艺技术进行产品、工艺设计与仿真，并通过物理检测与试验进行验证与优化。建立产品数据管理系统（PDM），实现产品设计、工艺数据的集成管理。

③实现制造装备的智能化，并实现高档数控机床与工业机器人、智能传感与控制装备、智能检测与装配装备、智能物流与仓储装备等关键技术装备之间的信息互联互通与集成。

④建立生产过程数据采集和分析系统，实现生产进度、现场操作、质量检验、设备状态、物料传送等生产现场数据自动上传，并实现可视化管理。

⑤建立车间制造执行系统（MES），实现计划、调度、质量、设备、生产、能效等管理功能。建立企业资源计划系统（ERP），实现供应链、物流、成本等企业经营管理功能。

⑥建立工厂内部通信网络架构，实现设计、工艺、制造、检验、物流等制造过程各环节之间，以及制造过程与制造执行系统（MES）和企业资源计划系统（ERP）的信息互联互通。

⑦建立工业信息安全管理制度和技术防护体系，具备网络防护、应急响应等信息安全保障能力。建立功能安全保护系统，采用全生命周期方法有效避免系统失效。

通过持续改进，实现企业设计、工艺、制造、管理、物流等环节的产品全生命周期闭环动态优化，推进企业数字化设计、装备智能化升级、工艺流程优化、精益生产、可视化管理、质量控制与追溯、智能物流等方面的快速提升。

第九节　网络化协同制造

制造业行业众多，发展基础和阶段升级目标各不相同，各个行业对于智能制造实施方案的需求差异较大。受限于资金投入不足、技术研发周期较长、工艺壁垒和市场风险等因素，单个企业提供的解决方案很难满足各个细分行业的智能制造发展需要，企业间需采取联手合作、优势互补的策略，不断加强协同创新，以补全、完善和提升智能制造系统解决方案能力。

与此同时，智能制造本身又是一个复杂的工程，需要跨学科、跨专业的能力，这对于智能制造系统解决方案供应商提出了更高要求和更大挑战，不仅要求供应商在开展业务时需要转换视角，即从产品和服务供应的角度转化为帮助用户解决问题，同时需要供应商具备更强的行业积累及咨询能力。面对智能制造用户对于需求的深化，智能制造系统解决方案供应商之间的协同成为必然的发展趋势。

2015 年 7 月 4 日，国务院发布《关于积极推进"互联网＋"行动的指导意见》，其中的"互联网＋"协同制造是重点行动之一，旨在推动互联网与制造业融合，提升制造业数字化、网络化、智能化水平，加强产业链协作，发展基于互联网的协同制造新模式。在重点领域推进智能制造、大规模个性化定制、网络化协同制造和服务型制造，打造一批网络化协同制造公共服务平台，加快形成制造业网络化产业生态体系。"互联网＋"协同制造将通过互联网技术手段让制造业价值链上的各个环节更加紧密联系、高效协作，使得个性化产品能够以高效率的批量化方式生产，助力"智能制造"——为"中国制造 2025"提供技术保障。

互联网正在成为驱动制造业变革的核心力量。作为共性技术和关联纽带，互联网可以实现企业与个人用户、企业与企业用户、企业与产业链上下游及制造业全产业链各环节的高效协同，有利于推动产业提质增效升级。比如，在红领集团的服装个性化定制模式中，消费者可以直接在服务平台上提出需求，柔性化生产线在 7 个工作日即可交付产品。这一模式既以批量化的生产形式控制了生产成本，又以个性化的产品形态满足了用户需求，实现了传统服装制造业企业的转型升级。其中，提到的"互联网 +"协同制造主要包含以下 4 个方面。

①大力发展智能制造。以智能工厂为发展方向，开展智能制造试点示范，加快推动云计算、物联网、智能工业机器人、增材制造等技术在生产过程中的应用，推进生产装备智能化升级、工艺流程改造和基础数据共享。着力在工控系统、智能感知元器件、工业云平台、操作系统和工业软件等核心环节取得突破，加强工业大数据的开发与利用，有效支撑制造业智能化转型，构建开放、共享、协作的智能制造产业生态。

②发展大规模个性化定制。支持企业利用互联网采集并对接用户个性化需求，推进设计研发、生产制造和供应链管理等关键环节的柔性化改造，开展基于个性化产品的服务模式和商业模式创新。鼓励互联网企业整合市场信息，挖掘细分市场需求与发展趋势，为制造业企业开展个性化定制提供决策支撑。

③提升网络化协同制造水平。鼓励制造业骨干企业通过互联网与产业链各环节紧密协同，促进生产、质量控制和运营管理系统全面互联，推行众包设计研发和网络化制造等新模式。鼓励有实力的互联网企业构建网络化协同制造公共服务平台，面向细分行业提供云制造服务，促进创新资源、生产能力、市场需求的集聚与对接，提升服务中小微企业能力，加快全社会多元化制造资源的有效协同，提高产业链资源整合能力。

④加速制造业服务化转型。鼓励制造业企业利用物联网、云计算、

大数据等技术，整合产品全生命周期数据，形成面向生产组织全过程的决策服务信息，为产品优化升级提供数据支撑。鼓励企业基于互联网开展故障预警、远程维护、质量诊断、远程过程优化等在线增值服务，拓展产品价值空间，实现从制造向"制造＋服务"的转型升级。

按照 2016 年 8 月发布的《智能制造工程实施指南》描述，网络化协同制造主要包括两个方面：建立网络化制造资源协同平台，企业间研发系统、信息系统、运营管理系统可横向集成，信息数据资源在企业内外可交互共享；企业间、企业部门间创新资源、生产能力、市场需求实现集聚与对接，设计、供应、制造和服务环节实现并行组织和协同优化。

具体而言，网络协同制造需要借助人工智能、大数据及自动化等技术实现以下功能。

①建有网络化制造资源协同云平台，具有完善的体系架构和相应的运行规则。

②通过协同云平台，展示社会／企业／部门制造资源，实现制造资源和需求的有效对接。

③通过协同云平台，实现面向需求的企业间／部门间创新资源、设计能力的共享、互补和对接。

④通过协同云平台，实现面向订单的企业间／部门间生产资源合理调配，以及制造过程各环节和供应链的并行组织生产。

⑤建有围绕全生产链协同共享的产品溯源体系，实现企业间涵盖产品生产制造与运维服务等环节的信息溯源服务。

⑥建有工业信息安全管理制度和技术防护体系，具备网络防护、应急响应等信息安全保障能力。

通过持续改进，网络化制造资源协同云平台不断优化，企业间、部门间创新资源、生产能力和服务能力高度集成，生产制造与服务运维信息高度共享，资源和服务的动态分析与柔性配置水平显著增强。

实际上，早在 2000 年，国际著名的咨询机构 ARC 针对生产制造模式新的发展，详细地分析了自动化、制造业及信息化技术发展现状，从科技发展趋势对生产制造可能产生影响的角度，做出过全面的调查研究，并提出了用工程、生产制造、供应链 3 个维度描述的数字工厂模型（图 3-6）。

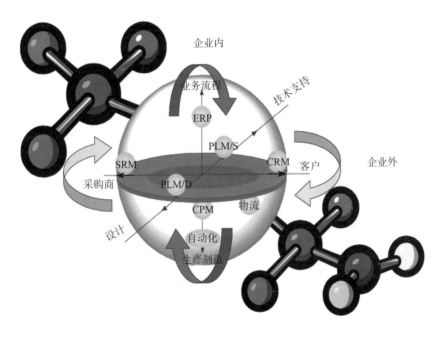

图 3-6　3 个维度描述下的数字工厂模型
资料来源：美国 ARC 顾问集团（作者改译）。

其中，从生产流程管理、企业业务管理一直到研究开发产品全生命周期的管理而形成协同制造模式（collaborative manufacturing model，CMM）。CMM 为制造行业的变革提出了理论依据和行之有效的方法。CMM 利用信息技术和网络技术，将研发流程、企业管理流程与生产产业链流程有机地结合起来，形成一个协同制造流程，从而使得制造管理、产品设计、产品服务生命周期和供应链管理、客户关系管理有机地融合在一个完整的企业与市场的闭环系统之中，使企业的价值链从单一的制造环节向上游设计与研发环节延伸，企业的管理链也从上游向下游生产制造控制环节拓展，形成了一个集成工程、生产制造、供应链和企业管理的网络协同制造系统。

当前时代，网络化的信息空间和现实化的物理空间可共同组成协同空间，信息空间对未来制造业的发展和竞争力将产生至关重要的影响，未来制造业将进入虚实交互的协同时代。

未来的智能制造形态将是将制造商、零部件供应商、销售商乃至消费者搬到线上，构成生产资源、人力、物力、研发创新的网络协同结构，主要目的是实现市场与研发的协同、研发与生产的协同、管理与通信的协同，从而形成一个完整的制造网络。该制造网络由多个制造业企业或参与者组成，它们相互交换商品和信息，共同执行业务流程。企业、价值链和产品全生命周期这3个维度贯穿于各个价值链中的制造参与者之间。

也就是说，通过网络协同化实现并行制造（concurrent manufacturing，CM）。制造业的各个工艺流程都将并行化、透明化、扁平化，实现真正意义上的智能制造。并行化的智能制造过程将利用网络世界无限的数据和信息资源，突破物理世界资源有限的约束。这样一来，设计研发、采购原材料零部件、组织生产制造、开展市场营销可并行，从而降低了运营成本，提升了生产效率，缩短了产品生产周期，也减少了能源使用。

一、并行工程因何出现?

传统的产品生产研发过程一般要按照顺序执行，是一种串行开发模式，是基于200多年前英国政治经济学家亚当·斯密的劳动分工理论提出的。该理论认为分工越细，工作效率越高。因此，串行开发模式是把整个产品开发全过程细分为很多步骤，每个部门和个人都只做其中的一部分工作，而且是相对独立进行的，工作做完以后把结果交给下一部门。

但是，这种串行开发模式忽视了不相邻流程之间的交流和协调，形成了以垂直部门利益为重，而不考虑全局优化的工作环境，导致上下游矛盾与冲突不能及时得到调解，延误生产研发周期，加大生产研发成本（图 3-7）。

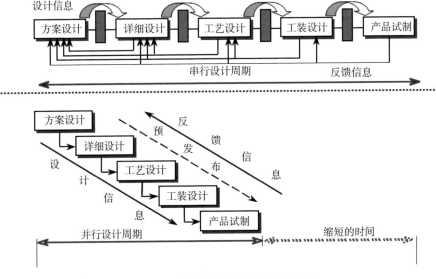

图 3-7　串行开发与并行工程的比较

资料来源：《并行工程》，王杰。

为此，需要把时间上有先有后的作业流程转变为同时考虑和尽可能同时（或并行）处理。通过在产品的设计阶段就并行地考虑了产品整个生命周期中的所有因素，将生产研发周期明显地缩短，从而使得设计出来的产品不仅具有良好的性能，而且易于制造、检验和维护。

二、并行工程的定义与意义

据有关资料显示，早在 1988 年，美国国家防御分析研究所（Institute of Defense Analyze，IDA）提出了并行工程（Concurrent Engineering，CE）概念，即并行工程是集成地、并行地设计产品及其相关过程（包括制造过程和支持过程）的系统方法。这种方法要求产品开发人员在一开始就考虑产品整个生命周期中从概念形成到产品报废的所有因素，包括质量、成本、进度计划和用户要求。

自 20 世纪 80 年代提出以来，美国、日本等发达国家对并行工程给予了高度重视，并纷纷成立研究中心，实施了一系列以并行工程为核心的政府支持计划。同时，许多知名大公司，如波音公司、西门子、IBM 等也开始了并行工程的实践探索，并取得了初步效果。

并行工程的目标为：提高质量、降低成本、缩短产品开发周期和产品上市时间。也就是说，生产研发工作都是要着眼于整个过程（process）和产品目标（product object）。从串行到并行，是观念上的巨大转变。

并行工程的做法为：在产品开发初期，组建具有多种跨部门职能的协同工作项目组，使相关人员从一开始就获得对新产品需求的所有信息，分别研究涉及本部门的工作任务，并将所需要求提供给小组所有人员，使诸多问题在产品研发早期就得到解决，从而保证了生产研发的质量，避免大量的返工浪费。具体做法为以下几方面。首先，在产品研发期间，将原型设计、结构设计、工艺设计、最终需求等结合起来，以最快的速度按要求质量完成。其次，各项工作由项目组完成。项目组成员定期或随时反馈信息，并对出现的问题及时进行协调解决。最后，还要运用信息管理软件，管理与协调整个项目的进行，辅助项目进程的并行化。

并行工程在先进制造技术中具有承上启下的作用，这主要体现在两个方面。首先，并行工程将原来分别进行的工作在时间和空间上交叉、重叠，充分利用了原有技术，并吸收了计算机技术、信息技术的信息化优势，使其成为先进制造技术中的基础。其次，并行工程的发展为虚拟制造技术的诞生创造了条件。为了达到产品的一次设计成功，减少反复，它在许多部分应用了仿真技术。而仿真的应用包含在虚拟制造（virtual manufacturing）技术之中，可以说，虚拟制造技术是以并行工程为基础的，并行工程的进一步发展方向之一也是虚拟制造，将利用信息技术、仿真技术、计算机技术对现实制造活动中的人力、物力、信息数据及制造流程进行全面的仿真，以发现制造中可能出现的问题，在产品实际生产前就采取预防措施，从而达到降低成本、缩短产品开发周期、增强产品竞争力的目的。

三、未来的并行制造

未来，除了研发设计之外，制造业的各个工艺流程都将并行化、透明化、扁平化，实现真正意义上的智能制造。并行化的智能制造过程将利用网络世界无限的数据和信息资源，突破物理世界资源有限的约束。这样一来，设计研发、采购原材料零部件、组织生产制造、开展市场营销可并行，从而降低了运营成本，提升了生产效率，缩短了产品生产周期，也减少了能源使用。

以往，制造业企业一定要通过原料、设备、生产、运输、销售五大环节组织生产制造。而这 5 个环节是相对固定的，且不可或缺的。并行制造时代，这 5 个环节可以相对独立，变成 5 个可以动态配置的模块。每个模块都有自己相应的软件系统，自己的物联网感知系统，根据消费者需求，5 个模块可以自行高效整合，满足生产制造的工艺需求。除了大幅缩短工期之外，还能大幅降低成本。

信息物理系统将成为实现未来工业体系中智能企业和智慧管理的基础，也将是在联通的复杂世界中整合各种资源和价值的有效手段。也可以说，复杂制造过程也等于物理空间的制造加上信息空间的制造过程。未来的并行制造生产系统将具备自行决策、自行组织、自行维护、自行学习的能力，可以完成生产过程中精密化、柔性化、智能化的任务，可将决策、管控、检测、优化等任务融为一体，达到超越自动化的新智能水平。

传统观点认为，只有等到所有产品设计图纸全部完成以后才能进行工艺设计工作，所有工艺设计图完成后才能进行生产技术准备和采购，生产技术准备和采购完成后才能进行生产。而并行制造则将各有关流程细化后进行并行交叉，尽早开始各项工作。

通过分散价值网络上的并行制造，产品设计与工艺过程设计、生产技术准备、采购、生产等种种活动并行交叉进行。充分利用信息化和自动化的手段，在产品开发、生产、销售、物流、服务的过程中，借助软件和网络的监测、交流沟通，根据最新情况，灵活、实时地调整生产工艺，而不再是完全遵照几个月或者几年前的计划。从而，有效实现灵活性的大幅提升（图 3-8）。

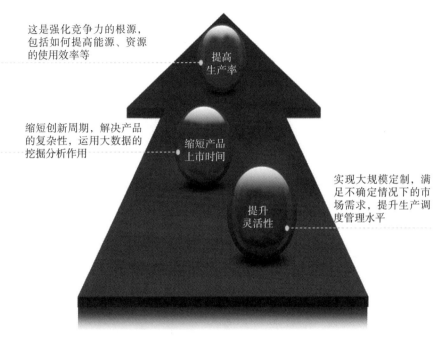

这是强化竞争力的根源，包括如何提高能源、资源的使用效率等

提高生产率

缩短创新周期，解决产品的复杂性，运用大数据的挖掘分析作用

缩短产品上市时间

实现大规模定制，满足不确定情况下的市场需求，提升生产调度管理水平

提升灵活性

图 3-8　并行制造将强化企业竞争力

第十节　远程诊断与运维服务

智能制造环境下，大多数的设备日益智能化，企业在减少劳动力成本的同时，加大了设备资产的比重，这使得设备的远程诊断与运维服务面临着巨大的挑战。因为无论设备如何智能，如何自动化，也避不开设备的老化和磨损。同时，制造业是以一个个零部件组装为主要工序的工业领域。由于其机械加工设备的结构及其技术复杂程度较高，设备的维修难度较大，致使设备故障频繁、故障损坏程度严重，这些都制约了企业设备管理水平的提升。

美国历史上第一位享有国际声誉的科学家、发明家本杰明·富兰克林（Benjamin Franklin）曾说过，百分补救，远不如一分预防。可见设备维护管理首先应做到预测性维护。通过预防性的分析和预警，一方面，可以帮助维修技术人员提前安排一些重要的预测性维修措施，以防止宕机的情况出现；另一方面，通过对预测性维护的智能调度，企业可以有充分的时间为设备升级或更新做准备。

按照 2016 年 8 月发布的《智能制造工程实施指南》描述，远程诊断与运维服务主要包括 4 个方面：建有标准化信息采集与控制系统、自动诊断系统、基于专家系统的故障预测模型和故障索引知识库；可实现装备（产品）远程无人操控、工作环境预警、运行状态监测、故障诊断与自修复；建立产品生命周期分析平台、核心配件生命周期分析平台、用户使用习惯信息模型；可对智能装备（产品）提供健康状况监测、虚拟设备维护方案制定与执行、最优使用方案推送、创新应用开放等服务。

具体而言，远程诊断和运维服务需要借助人工智能、大数据及自动化等技术实现以下功能。

①采用远程运维服务模式的智能装备／产品应配置开放的数据接口，具备数据采集、通信和远程控制等功能，利用支持 IPv4、IPv6 等技术的工业互联网，采集并上传设备状态、作业操作、环境情况等数据，并根据远程指令灵活调整设备运行参数。

②建立智能装备／产品远程运维服务平台，能够对装备／产品上传数据进行有效筛选、梳理、存储与管理，并通过数据挖掘、分析，向用户提供日常运行维护、在线检测、预测性维护、故障预警、诊断与修复、运行优化、远程升级等服务。

平台一方面依托于实时准确的数据采集技术，检测设备、部件的运行状态，对设备的运行状态和生命周期使用寿命进行统计，对异常设备和接近使用寿命的设备进行预警；另一方面，通过智能分析设备运行的数据，为设备维护管理人员提供精确维修对策方案选项，真正减少不可预测因素对生产的影响，如设备性能劣化、精度衰减、能力损失、结构性偏差、自然老化等。这样才能做到彻底改变被动等待维修，实现由经验性维修向预测性维护的转变。

③智能装备／产品远程运维服务平台应与设备制造商的产品全生命周期管理系统（PLM）、客户关系管理系统（CRM）、设备研发管理系统实现信息共享。

相较于传统侧重设备维修管理的狭义设备管理，设备全生命周期管理是指全面考虑设备的规划、设计、制造、购置、安装、运行、维修、改造、更新，直至报废的全过程。因此，设备制造商构建的产品全生命周期管理系统是解决当下设备管理问题，实现设备效能利用最优化的重要举措。设备全生命周期管理平台是基于3D可视化技术进行展示、基于物联网传感器技术实时监控技术，从而能够实现设备运行监视、操作与控制、综合信息分析与智能预警、运行管理和辅助应用等功能的一体化管理，让管理者随时随地地了解设备的生产情况，大幅度提高企业设备管理能力。

④智能装备／产品远程运维服务平台应建立相应的专家库和专家咨询系统，能够为智能装备／产品的远程诊断提供智能决策支持，并向用户提出运行维护解决方案。

⑤建立信息安全管理制度，具备信息安全防护能力。通过持续改进，建立高效、安全的智能服务系统，提供的服务能够与产品形成实时、有效互动，大幅度提升嵌入式系统、移动互联网、大数据分析、智能决策支持系统的集成应用水平。

借助新一代人工智能技术，远程诊断与运维服务目前已经从事后维修，逐渐向预测性维护转变。

预测性维护主要依赖于大数据和人工智能算法。人工智能算法主要有两种思路，一种是基于机制辨别，对未知对象建立参数估计，进行阶次判定、时域分析、频域分析或者建立多变量系统，进行线性和非线性、随机或稳定的系统分析等，以揭示系统的内在规律和运行机制；另一种则是基于灰度建模思路，利用专家系统、决策树，基于主元分析的聚类算法、SVM 和深度学习等高级机器学习方法，对数据进行分析和预测。从而，通过预测性维护可以有效减少设备停机，提高设备利用率，避免停机损失。

第十一节　智能制造标准体系

自工业革命以来，标准一直发挥着重要的作用。标准化让代表规模经济的大批量生产得以实现，标准化让市场公平有效地进行交易。标准已经成为制造业中普遍的基础设施，广泛而深刻地影响着以技术为基础的工业经济。

传统制造业中，标准作为技术规范的参考体系，或者作为不同技术间相互比较的工具，相互兼容的接口，其功能主要体现在信息提供上，减少复杂多样性和不匹配等传统范畴。但是在工业 4.0 时代，随着制造业互联网化，或者工业互联网化，多数产品具有显著的网络效应和锁定效应，所以，标准也已经不再局限于那些传统的功能，标准中的兼容性和互用性功能开始显得至关重要。一方面，标准能够增强用户的信心；另一方面，标准可以减少未来市场的不确定性，因此，能够使新产品快速推广，从而实现规模报酬递增。

正是由于标准化经济效应的存在，领先企业之间的技术标准之争往往十分激烈，因为如果能在标准竞争中脱颖而出，就会极大地改善和增强企业市场地位和竞争优势。

设备互联互通是实现智能制造的前提之一。设备的联网接入需要 3

个层次：互联（硬件接口的连接）、互通（软件层面的数据格式与规范）、语义互操作（语义的定义与规范）。而当前设备联网接入面临很多挑战。

①数据不开放。由于技术保密等原因，一些设备的关键参数并不对外开放。

②标准不统一。工业设备样式繁多，接口各异，通信与传输协议各不相同，针对各种非标设备和协议，需要进行相应的开发，消耗大量的时间和人力。

③设备无数据。一些设备和仪器仪表本身并不记录自身数据，需要进行智能化改造，增加通信能力。

④任务不明确。面向具体分析任务，应采集哪些数据需要经验，有时并不明确。

⑤限制条件多。工业现场可能有电磁干扰、振动、位置等多种数据采集限制，对布置传感器完成所需数据采集提出了更高的要求。

为了实现智能制造，标准体系的制定是必不可少的工作之一。标准化是设备低成本互连互通的基础。互联互通层面，已经形成了一些比较通用的接口方案，如工业以太网、工业 PON 网及 Modbus 等。语义互操作层面，OPC UA 协议已经成为国家推荐标准。国外很多设备在标准化方向已经做得比较好。国内一些行业组织也在牵头统一标准，组织国内设备向国际标准靠拢。

在《中国制造2025》中，明确要求构建国家智能制造标准体系。制定并发布《国家智能制造标准体系建设指南》，开展智能制造的基础共性、关键技术、重点行业标准与规范的研究，构建标准试验验证平台（系统），进行技术规范、标准全过程试验验证，在制造业各个领域进行全面推广，形成智能制造强有力的标准支撑。智能制造重点标准有以下几方面。

①基础共性标准与规范。术语定义、参考模型、元数据、对象标

识注册与解析等基础标准；体系架构、安全要求、管理和评估等信息安全标准；评价指标体系、度量方法和实施指南等管理评价标准；环境适应性、设备可靠性等质量标准。

②关键技术标准与规范。工业机器人、工业软件、智能物联装置、增材制造、人机交互等装备／产品标准；体系架构、互联互通和互操作、现场总线和工业以太网融合、工业传感器网络、工业无线、工业网关通信协议和接口等网络标准；数字化设计仿真、网络协同制造、智能检测、智能物流和精准供应链管理等智能工厂标准；数据质量、数据分析、云服务等工业云和工业大数据标准；个性化定制和远程运维服务等服务型制造标准；工业流程运行能效分析软件标准。

③重点行业标准与规范。以典型离散行业的数字化车间集成应用和流程行业智能工厂集成应用为代表的十大重点领域行业标准与规范。

按照国家制造强国战略的部署，未来要组织开展参考模型、术语定义、标识解析、评价指标、安全等基础共性标准和数据格式、通信协议与接口等关键技术标准的研究制定，探索制定重点行业智能制造标准。强化方法论、标准库和标准案例集等实施手段，以培训、咨询等方式推进标准宣贯与实施。推进智能制造标准国际交流与合作。

预计到 2020 年，国家智能制造标准体系基本建立，制（修）订智能制造国家标准 200 项以上，建设试验验证平台 100 个以上，公共服务平台 50 个以上。

第十二节　制造全生命周期活动智能化

制造业企业在进行数字化、网络化、智能化的软硬件应用之前，更为基础的是在生产流程上打通设计、生产、检测、搬运、仓储、配送等主要环节。高效、科学的生产流程设计蕴含着巨大的提质增效、降本减存的机会。

产品全生命周期管理 (product lifecycle management，PLM) 是指管理产品从需求、规划、设计、生产、经销、运行、使用、维修保养，直到回收再利用的全生命周期中的信息与过程。它既是一门技术，又是一种制造的理念。它支持并行设计、敏捷制造、协同设计和制造、网络化制造等先进的设计制造技术（图 3-9）。

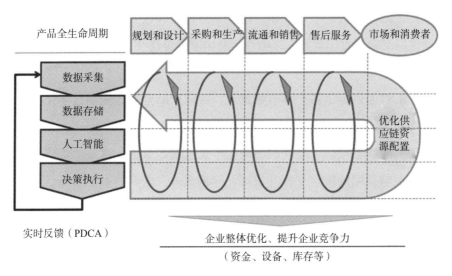

图 3-9　全生命周期管理实现制造闭环智能化管理

制造全生命周期活动智能化主要包含 3 个层面。

1. "感受"工业过程，采集海量数据

人工智能的基础是大量的数据，而工业传感器是获得多维工业数据的感官。除了设备状态信息，人工智能平台需要收集工作环境（如温度湿度）、原材料的良率、辅料的使用情况等相关信息，用以预测未来的趋势。这就需要部署更多类别和数量的传感器。如今，使用数量较多的传感器包括压力、位移、加速度、角速度、温度、湿度和气体传感器等。现在的工业传感器可提供监视输出信号，为预测设备故障做出数据支持，可有助于确认库存中可用的原材料，可代替指示表更

精确地读数及在环境恶劣的情况下收集数据，亦可监测通过网关和云的数据传输，维护数据安全等。

2. 网络化——高速传输、云端计算、互联互通

得到大量数据后，如何将数据传输至云端呢？这需要依托先进的工业级通信技术。和过去在车间内直接对数据进行简单响应不同，企业需要把不同车间、不同工厂、不同时间的数据汇聚到同一个云数据中心，进行复杂的数据计算，以提炼出有用的数学模型。这就对工业通信网络架构提出新要求，推动标准化通信协议及 5G 等新的技术在车间里的普及。

3. 打通供应链各个环节数据流，实现产品全生命周期数字化和智能化

供应链各个环节之间的物流会产生大量的数据。这些物流信息的收集能够帮助物流行业提升效率，降低成本。未来的智慧物流，通过智能化收集、集成、处理物流的采购、运输、仓储、包装、装卸搬运、流通、配送等各个环节的信息，实现全面分析，及时处理及自我调整。这需要涉及将这些数据数字化并累积成足够的数据库，需要大量的基础设施建设。

产品全生命周期智能化要实现产品从设计、制造到服务，再到报废回收再利用整个生命周期的互联。未来的工厂会以数字化方式为物理对象创建虚拟模型，来模拟其在现实环境中的行为。通过搭建整合制造流程的数字双胞胎生产系统，能实现从产品设计、生产计划到制造执行的全过程智能化，将产品创新、制造效率和有效性水平提升至一个新的高度。

第四章

展望未来的智能制造

新时代下，人工智能发展的规模之大、速度之快、在国际竞争中地位之高，决定了中国需要进一步加快科技创新，促进新一代人工智能快速发展，占据科技制高点，形成国际竞争力。

智能制造是人工智能与制造业的深度融合，是一项复杂的系统工程，方案构成层次、业务复杂程度及对供应商的能力要求都远超传统自动化。智能制造帮助用户实现自感知、自学习、自决策、自执行、自适应等功能。

在人工智能、高档数控机床和工业机器人、工业互联网等多种技术赋能下，未来智能化的制造业将值得畅想，智能制造时代的竞争力和附加值要素也将发生颠覆性的转变。短期人工智能与工业机器人的落地将解放大量重复、规则的人类劳动；未来，随着智能制造模式的日益成熟，机器之间、工厂之间的智能化互联互通，关键技术的"超级聚合"效应将重新定义制造产业价值链（图4-1）。

操作简化方面，相信未来10年内，多一半的制造业工作量将会被智能制造取代。例如，利用视觉智能技术的装配引导系统能够自主识别多种零部件，引导工人按照正确流程进行装配，一旦出现错误，就会给予提醒。这种"傻瓜式"系统推广应用后，可为企业节省许多工

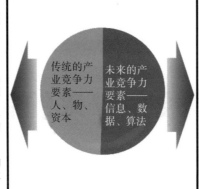

1. 高级技工

2. 根据经验和直觉判断进行改进

3. 工厂产能至关重要

4. 通过不断提升产品的功能和性能进行差异化竞争

5. 追求内部各环节的高效化

6. 供给侧通过广告和宣传开拓市场树立品牌

7. 资本流向规模型企业

传统的产业竞争力要素——人、物、资本

未来的产业竞争力要素——信息、数据、算法

1. 利用人工智能与工业机器人进行高效且无差错的柔性生产

2. 根据数据解析进行自动优化和适应

3. 产品和服务的设计能力至关重要

4. 通过产品设计、软件、服务进行差异化竞争

5. 产业链整体的自动优化和适应

6. 利用大数据智能，由消费者引领品牌和市场

7. 资本流向技术和创新创意

图 4-1　智能制造改变产业竞争力要素

人培训时间，实现人机友好的协作场景。

短期人工智能与工业机器人的落地将解放大量重复、规则的人类劳动。未来，随着智能制造模式的日益成熟，机器之间、工厂之间得以智能化互联互通，关键技术的"超级聚合"效应将重新定义制造产业价值链。

提高效率方面，智能工厂时刻生成海量数据，通过不断分析，揭示亟待修正与优化的资产绩效问题。诚然，自我修正是智能工厂与传统自动化的区别所在，将进一步提升整体资产效率，同时也是智能工厂最大的优势之一。资产效率的提升将缩短停工期、优化产能并减少调整时间，还将带来其他潜在益处。

确保质量方面，智能工厂具备自我优化的特征，可快速预测并识别质量缺陷趋势，并有助于发现造成质量问题的各种人为、机器或环境因素。这将降低报废率并缩短交付期，提升供应率与产量。通过进一步优化质量流程，可打造更加优质的产品，减少缺陷与产品召回。

降低成本方面，经优化后的流程通常成本更低，可进一步预测库存要求，促成有效的招聘与人才决策，并减少流程与操作上的变动。更加优质的流程还有助于全面了解供应网络，迅速及时地响应采购需求，从而进一步降低成本。流程进一步优化后，产品质量亦将提升，同时可降低保修和维修成本。

生产安全方面，智能工厂还为员工及环境的可持续性发展带来益处。由于智能工厂可提升操作效率，因此相较于传统的制造流程，更能降低对环境的影响，促进整体环境的可持续性发展。流程自动化程度的进一步提升，将降低人为错误的可能性，包括减少行业事故造成的工伤。

无论是发达国家，还是发展中国家，无论是大企业，还是中小企业，都希望应用互联网升级制造业，实现智能化、智能制造。新一轮工业革命在全世界同时发生，许多国家都想搭乘这趟"高铁"，挤进第一集团。自18世纪第一次工业革命以来，中国从未如此近距离接触工业革命。如今，高铁，中国已经处于全球领先行列；互联网，中国也仅次于美国。《中国制造2025》战略规划里面谈道："载人航天、载人深潜、大型飞机、北斗卫星导航、超级计算机、高铁装备、百万千瓦级发电装备、万米深海石油钻探设备等一批重大技术装备取得突破，形成了若干具有国际竞争力的优势产业和骨干企业，中国已具备了建设工业强国的基础和条件。"

智能制造将为"制造强国"战略的发展提供许多难得的机遇。

参考文献

[1]　工业和信息化部．2018 年智能制造试点示范项目要素条件 [A/OL]．(2018–04–09) [2019–01–22].http://www.miit.gov.cn/n1146295/n1652858/n1652930/n3757018/c6122912/content.html.

[2]　工业和信息化部．促进新一代人工智能产业发展三年行动计划（2018—2020年 ） [A/OL]．(2017–12–14)[2019–01–22].http://www.miit.gov.cn/n1146285/n1146352/n3054355/n3057497/n3057498/c5960779/content.html.

[3]　工业和信息化部．工业互联网发展行动计划（2018—2020 年）[A/OL]．(2018–06–07) [2019–01–22].http://www.miit.gov.cn/n1146295/n1652858/n1652930/n3757016/c6212005/content.html.

[4]　工业和信息化部．工业互联网平台建设及推广指南 [A/OL]．(2018–07–19) [2019–01–22].http://www.miit.gov.cn/n1146295/n1652858/n1652930/n3757022/c6266074/content.html.

[5]　工业和信息化部．智能制造发展规划(2016—2020年) [A/OL]．(2016–12–08) [2019–01–22].http://www.miit.gov.cn/n1146295/n1652858/n1652930/n3757018/c5406111/content.html.

[6]　工业和信息化部．智能制造工程实施指南 [A/OL]．(2016–08–19) [2019–

02–22].http://www.miit.gov.cn/n1146285/n1146352/n3054355/
n3057267/n3057273/c5214972/content.html.

[7] 厦门市经济和信息化局．厦门市智能制造"十三五"发展规划［A/
OL］．(2017–02–14)［2019–02–22].http://xxgk.xm.gov.cn/jjhxxhj/
jxjxxgkml/jxjzcqgh/201702/t20170214_1532462.htm.

[8] 新华网．"十三五"汽车工业发展规划意见［A/OL］．(2017–04–06)［2019–
03–27].http://www.xinhuanet.com//auto/2017–04/25/c_1120869697.
htm.

[9] 张相木．智能制造及其发展生态［EB/OL］．(2018–09–27）［2019–02–22].
http://www.sohu.com/a/256494651_463969.

[10] 中国电子技术标准化研究院．中国智能制造系统解决方案市场研究
报 告［R/OL］．(2017–12–11）［2019–02–22］. http://www.cesi.
ac.cn/201712/3305.html.

[11] 中国政府网．关于深化"互联网＋先进制造业"发展工业互联网的指导意
见［A/OL］.(2017–11–27)[2019–01–22].http://www.gov.cn/zhengce/
content/2017–11/27/content_5242582.htm.

[12] 中国政府网．新一代人工智能发展规划［A/OL］.(2017–07–20)［2019–
01–22].http://www.gov.cn/zhengce/content/2017–07/20/
content_5211996.htm.

[13] 中 国 政 府 网．中 国 制 造 2025［A/OL］.(2015–05–19)［2019–01–22].
http://www.gov.cn/zhengce/content/2015–05/19/content_9784.htm.

[14] 朱民．中国成为制造强国的关键，制造业与人工智能结合［EB/OL］.
(2011–01–17)［2019–02–22］. https://finance.qq.com/original/
caijingzhiku/zhumin0117.html.